SCI
Steel Knowledge

Advanced Steel Construction **No.13**

곡선강부재의 설계

Design of Curved Steel

posco RIST 재단법인 포항산업과학연구원
Research Institute of Industrial Science & Technology

역자서문

최근 세계적인 경제위기로 국내의 건설시장은 많은 어려움과 위축을 겪고 있는 실정이다. 선진 엔지니어링 기술의 지속적 개발과 보급은 이러한 상황을 극복해 나갈 수 있는 주요한 수단 중 하나로서 선진 강구조 기술에 대한 수요는 더욱 증대되고 있다. 이러한 취지에서 지난 2년간 작업의 연장선에서 세계적으로 강구조 활용이 가장 활발한 국가의 하나인 영국의 최신 실무기술인 영국강구조연구소(The Steel Construction Institute) 기술자료의 제3차 번역작업을 수행하게 되었다.

영국의 강구조 건설기술은 1970년대부터 코러스(CORUS), 영국강구조연구소(SCI), 임페리얼 대학을 중심으로 한 30년간의 지속적인 공동연구 및 기술실용화 노력에 힘입어 전 세계에서 가장 활성화되어 있다. 중심역할을 하고 있는 영국강구조연구소(SCI)는 건설기술개발 및 강재의 효율적인 적용에 관한 다양한 활동을 하고 있는 연구기관이다. 주요 연구개발 분야는 건물, 공장, 교량, 사회기반시설 및 해양구조물을 포괄하고 있으며, 강구조 및 합성구조, 경량철골구조, 그리고 모듈러 건축과 관련된 많은 실용기술 개발을 통하여 강구조 활성화에 큰 기여를 해오고 있다. 탄소강은 물론 스테인리스강의 구조설계, 동적거동평가, 내화공학, 지속가능한 건축, 가치공학, 정보기술, 음향 및 단열성능 등에 관한 다양한 설계도서 및 지침서를 지속적으로 출간하고 있으며, 현재까지 200여권이 출간되어 실무자에게 많은 호평을 받고 있다.

이미 수행된 작업을 통하여, 1) 강재 글래이징 시스템, 2) 강구조 건물의 신내화설계법, 3) 강구조 바닥진동의 새로운 설계법, 4) 강재 주거용 건축, 5) PC슬래브 활용 슬림플로어 설계(이상 5권 1차출판), 6) 강구조 커튼월 접합, 7) 강구조

건축물의 무피복 내화설계, 8) 대형 웨브 개구부를 갖는 합성보 설계, 9) 데크를 이용한 합성바닥 및 합성보, 10) 강구조 합성접합부(이상 5권 2차출판) 등 도합 10권의 기술자료를 번역하여 출판하였다. 금년도에는 3차작업으로 1) 건물의 방폭설계, 2) 강재와 이종재료간의 접합, 3) 곡선부재 부재의 설계, 4) 스테인리스강의 설계, 5) 구조화재안전 등 5권의 책자를 번역하여 출판하게 되었다.

본 기술자료가 상대적으로 익숙한 미국과 일본의 관련 기술과 대비되는 최근의 유럽 선진기술을 파악하고 관련 실무정보의 획득에 일조할 수 있기를 희망한다.

초벌번역에 고생한 서울대 건축학과의 김대경, 고아라, 윤성환(건물의 방폭설계), 구철회, 윤원순(강재와 이종재료간의 접합), 부산대 건축학과의 전종수(곡선부재 부재의 설계), 고려대 건축학과의 노승희(스테인리스강의 설계) 그리고 한남대 건축학과의 손승문(구조화재안전) 대학원생에게 깊은 감사를 드린다.

2011년 11월

서울대학교 건축학과 이철호
부산대학교 건축학부 오상훈
고려대학교 건축사회환경공학부 주영규
한남대학교 건축학부 이재승
포항산업과학연구원 백승경

저자서문

본 지침서는 영국 철강협회(The Steel Construction Institute, SCI)의 Charles King 박사와 David Brown 박사에 의해 집필되었다. 사례연구는 영국 철강협회의 Thomas Cosgrove 박사와 Nina Knudsen 박사에 의해 진행되었다.

본서의 출판과정에서 운영위원회의 조언과 지도에 감사의 뜻을 전한다. 위원회의 구성은 다음과 같다:

Mike Banfi	Arup Research and Development
David Hamilton	Anthony Hunt Associates Limited
Tim McCarthy	UMIST
Abdul Malik	The Steel Construction Institute
Bill Gover	The Angle Ring Company Ltd
Russ Barnshaw	Barnshaws Steel Bending Group
Mark Jordan	Barnshaws Steel Bending Group

본 지침서는 European Regional Development Fund로부터 지원을 받고 있는 The Angle Ring Company와 Barnshaws Steel Bending Group의 후원에 의해 작성되었다.

목차

요약

본 간행물은 강구조 건축 구조물에서 사용되는 곡선부재의 일반적인 설계법을 다룬다. 본 간행물에서 설명하는 부재의 곡률 계산법은 대체적으로 BS 5950-1:2000의 기준을 따른다.

곡선공정에 의한 재료 특성의 변화가 작을 때의 지침과 추가 검사가 요구되는 상황에 대하여 기술하였으며, 곡선부재에서 발생하는 추가적인 영향을 고려하기 위한 직접적인 방법과 함께 수정 저항력 검토법을 규정하였다.

곡선 강구조물에서 사용되는 수직 곡선부재의 설계법을 제시하고, 유효길이의 계산, 수치해석 등 모델링에 필요한 지침과 함께 부재의 초기치수 결정에 필요한 근사 최대내력과 모멘트를 단순식으로 제시하였다.

수평 곡선부재는 휨 외에도 비틀림의 영향을 받기 때문에 비틀림 영향을 고려하는 수평 곡선부재 설계법을 제시하였다.

본 간행물은 곡선부재의 설계법을 입증하는 여섯 가지의 적용사례를 수록하고 있다.

CHAPTER 01

서론

곡선 강구조물은 19세기 중엽부터 사용되어 왔으나, 오늘날까지 곡선부재의 설계와 관련된 기준은 미비한 실정이다.

곡선부재에 힘 혹은 모멘트가 작용했을 때 직선부재에서 고려하지 않았던 몇 가지 영향을 추가적으로 고려할 필요가 있다. 부재의 굴곡 방향(수직방향 또는 수평방향)에 따른 영향도 반드시 고려되어야 한다.

본 지침은 곡선부재를 설계하는 구조 엔지니어에게 도움이 되고자 마련되었다. 이 지침은 건축물에서 사용되는 I형강(보와 기둥)과 구조강관 설계에 적용된다. 본문에 제시된 지침은 BS 5950-1:2000[1]의 설계기준에 따라 곡률의 영향을 고려하며, 필요에 따라 수정된 기준이 적용된다.

본서는 일반적인 곡선부재의 사용법과 구조 배치에 관한 일련의 연구사례를 수록하고 있다. 모든 연구에서 I형강은 웨브 수직재와 함께 거동하도록 고려되었다. 설계자는 본문에 명시된 기본원칙에 따라 기타 다른 부재배치에 기준을 적용할 수 있다.

본서는 큰 곡률을 가진 부재의 설계법을 다룬다. 미리 캠버를 설치함으로써 발생한 미소곡률에는 이 지침이 적용되지 않는다. 매우 세장한 아치 설계 시에는 세심한 주의가 요구되며, 이에 관한 주의사항들은 6장에 명시되어 있다.

"Bending"이라고 하는 곡선부재 생산공정은 2장과 3장에서 소개되어 있다. "Bending"과 관련된 기존의 공학적 설계개념(휨 모멘트 = "bending" moments)과의 혼란을 막기 위해, 이하 본문에서는 이를 "곡선(curved) 부재"와 "곡선(curving)공정"으로 표기하겠다.

CHAPTER 02

건축물에서의 곡선부재 활용

2.1 역사

19세기 후반 강재가 일반적으로 사용되기 이전에, 곡선구조물은 주로 곡선거푸집으로 주조한 주철(그림 2.1)을 이용하거나 형상화된 웨브플레이트에 접합하여 격자 트러스 형태로 구성한 연철부재(그림 2.2)로 이루어졌다. 연철은 매우 유연하기 때문에 열간단조를 통하여 소형의 부재를 가공할 수 있었다.

20세기에 들어 갱도 지하작업장을 지지하는 아치의 용도로 곡선 압연형강을 사용하기 시작하였다. 초기에는 유압 압축기를 사용하였지만 이내 3롤식 벤딩머신이 출시되었다. 조이스트의 웨브는 비교적 두꺼워 벤딩 작업시 좌굴발생이 일어나지 않기 때문이었다.

곡선부재는 선박의 제조에도 사용되었다. 1910년대 초반에 들어 선박용 구상선수(球狀船首, bulb: 파도의 저항을 낮추기 위해 선수에 설치한 구형의 돌기) 플랫과 앵글, T형재를 일체화시키는 곡선공정에 롤러를 장착한 벤딩머신이 사용되기 시작하였다. 1930-50년대에 들어서면서 소형곡선부재가 간단한 건축 구조물에도 사용되기 시작하였다. 반원형 막사, 항공기 격납고, 네덜란드식 창고 등의 구조 지지재로서 곡선 앵글이나 T형재 또는 소형의 I형 압연형강이 사용되었다.

1940년대 후반부터 평행한 플랜지를 가지는 I형강의 사용이 보편화되었다. 그러나 (조이스트에 비해) 비교적 웨브가 얇은 평행플랜지 형강은 보 전체를 휘게 하는 힘이 웨브의 국부좌굴을 발생시키는 힘보다 크기 때문에 특히 주축으로 보를 휘게 하는 것은 어려움이 있었다. 1970년대 중반이 되어서야 웨브를 지지하는 보조롤러가 사용된 벤딩머신이 개발되었다. 덕분에 거대한 I형강의 주축을 정확하고 효율적으로 가공할 수 있게 되었고 이는 곡선부재구조 설계에 상당한 효율을 가져왔다. 시간이 흘러 구소상재의 수요가 증가함에 따라 본래 배관가공을 위해 개발된 고온곡선공정인 전기유도 벤딩이 점차 사용되기 시작하였다.

【그림 2.1】 곡선 주철 지붕 트러스

【그림 2.2】 화려한 주철 장식재로 치장된 곡선연철

지금까지 소개한 사례 외에는 1970년대 후반까지 건물에 곡선부재를 사용한 예는 극히 드물었다. 그러나 20세기 후반에 접어들면서 건물에서의 곡선부재에 대한 수요가 급격히 늘어났다. 산업용 건물보다 상업용 건물에 자본이 집중적으로 투자되었고 신축 오피스, 공항 터미널, 역사, 대형 상점, 레저시설 등의 복합 건축물은 구조용 강재가 시장에서 보편화되는데 큰 역할을 하였다.

구체적으로 말해 강재를 정확하고 효율적으로 가공할 수 있는 장비가 개발됨으로써 이전까지 대안으로만 고려되었거나 경제성의 이유로 제한되어왔던 철골구조의 새로운 설계방안으로 떠오름으로써 철골구조 고유의 장점이 부각되었다. 곡선부재 최대의 장점은 단연 강재 외관의 아름다움이며, 이는 강구조의 창의적 설계의 새로운 장을 열었다.

현대 건축물에서는 외관의 아름다움과 구조적 효율을 동시에 만족하기 위하여 곡선부재를 많이 사용한다. 그림 2.3 – 2.7은 이의 전형적 예이다.

【그림 2.3】 대형 상점가의 곡선 지붕 강재

【그림 2.4】 곡선 서까래를 사용한 문형 프레임

【그림 2.5】 스포츠 시설의 곡선 트러스

【그림 2.6】 지상통로에 설치된 곡선부재 지지대

【그림 2.7】 수평 곡선부재

2.2 건축물에서의 곡선부재

강구조용 곡선부재의 최대 장점은 외관의 아름다움이다. 건축가와 설계자는 이를 이용하여 직선부재보다 훨씬 더 다양한 형태를 표현할 수 있게 되었으며 외장처리 시에도 매력적인 방안이 된다.

곡선부재를 이용한 강구조는 보통 공항, 역, 쇼핑몰, 레저센터 등의 공공시설 이용자들에게 공간감, 웅장함과 자연채광을 주기 위해 설계된다. 따라서 곡선부재는 채광유리의 주요부위를 둘러싸는 가벼운 곡선 트러스나 아치형 프레임의 형태로 발전하였다. 클래딩 구조에서도 외관을 위한 아치형 강재의 노출은 내부 공간감을 향상시키는 데 도움이 된다.

산업이나 유통건물에서도 곡선지붕은 효과적이다. 곡선지붕은 공장 형태의 건물을 연상시키는 딱딱한 분위기를 없애고 도시계획 입안자에게 매력을 줄 수 있다. 일반적인 선입관과는 달리 곡선부재를 이용한 강구조의 시공비는 일반 프레임구조에서의 시공비와 비슷하다.

곡선부재를 사용하였을 때 발생하는 추가비용은 구조 전체비용에 비하여 크지 않다. 또한 지붕마루의 디테일과 비막이장치에 소요되는 비용을 줄이고 특히, 25m경간 이하의 지붕에서 지붕 첨점의 이음부를 제거함으로써 추가비용 문제를 상쇄할 수 있다. 곡선 지붕보로 이루어진 지붕은 설치시 특별한 처리를 하지 않아도 패널을 지붕의 곡률에 맞출 수 있기 때문에 사전곡선처리가 필요 없고, 지붕 클래딩이 필요하지 않아 더욱 효율적이다.

곡선형태의 외관을 표현할 때는 면가공된 직선부재와 다양한 폭을 가진 2차부재를 사용할 수 있지만, 면가공에 의한 추가비용을 고려한다면 일반적으로 곡선처리를 이용하는 방법이 더 아름다우면서도 경제적이다.

CHAPTER 03

곡선 공정

3.1 개요

일반적으로 압연형강은 롤러벤딩이나 전기유도벤딩으로 생산된다. 전기유도 공정을 이용하면 작은 반경으로 가공이 가능하고 작업이 수월하지만 일반적으로 냉간공정에 비해 비용이 비싸다는 단점이 있다. 부재형태나 재료성분, 목표로 하는 휨 반경에 따라 다양한 공정으로 다양한 처리를 할 수 있다. 구조 설계자들은 이러한 공정을 전문으로 하는 전문업체(부록 B 참조)와의 협의를 통해 필요한 조언을 얻기를 권고한다.

3.2 롤러 벤딩

건축에서 사용되는 대부분의 곡선부재는 냉간공정인 롤러벤딩을 통해 생산된다.

롤러벤딩은 교차로 배치된 벤딩롤러들 사이로 부재를 반복적으로 통과시켜 가공하는 공정이다.

벤딩롤러의 형상은 벤딩가공하려는 강재의 단면형태에 따라 달라진다(그림 3.1 참고). 힘은 그림 3.2와 같이 교차 배치된 롤러에 수직으로 가해지고, 부재가 롤러를 통과할 때마다 조금씩 곡률이 형성된다. 이 과정은 목표로 하는 곡률에 도달할 때까지 반복된다.

【그림 3.1】 원형강관용 벤딩롤러

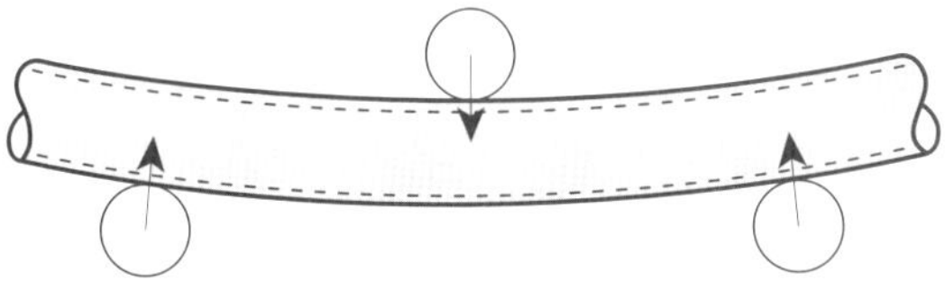

【그림 3.2】 3롤식 벤딩

그림 3.2는 강관용 벤딩롤러의 일반적인 배치형태를 나타내고 있다. 개단면 형강(I형, H형) 가공시 얇은 웨브가 지지되지 않을 경우 플랜지가 웨브에 상당한 힘을 전달하여 웨브의 국부좌굴을 일으킬 수 있다. 이러한 문제 때문에 형강 가공시에는 인장 플랜지 안쪽에 보조롤러를 설치하여 웨브의 내향굴곡과 파괴를 방지한다. 인장 플랜지 양쪽에 설치하는 보조롤러의 배치는 그림 3.3에 도식화되어 있다. 그림 3.4는 웨브의 좌굴방지를 위해 보조롤러를 이용한 I형강의 곡선 공정을 나타낸다.

3.3 전기유도벤딩

전기유도벤딩은 부재(파이프, 튜브, 강관 또는 형강)를 전자코일에 통과시켜 가공하는 공정이다. 전자코일은 부재에 전기흐름을 유도하여 좁은 간격(약 50mm)의 단면에 700 ~ 1050°C의 열을 발생시킨다. 피가열부를 급속냉각시키기 위해 바람과 물을 사용한다. 부재의 선단부는 회전 가능한 방사형 회전팔에 고정된다. 장치의 형태는 그림 3.5에 나타난 바와 같다.

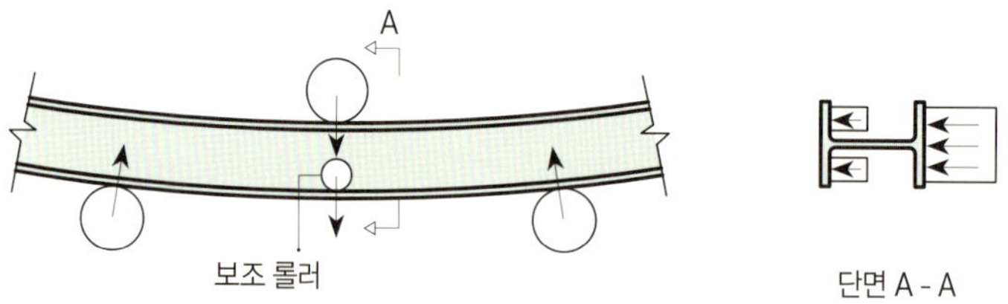

【그림 3.3】 I형강의 웨브좌굴을 방지하기 위한 롤러 배치

【그림 3.4】 웨브의 좌굴 방지를 위해 보조롤러를 사용한 가공 모습

유압장치에 의해 직선 부재에서 일정한 속도로 코일을 통과하는 동안 선단부는 방사형 회전팔의 회전에 의해 아치 형태로 휘게 된다. 실질적인 휨은 가열부에서 발생한다. 방사형 회전팔의 길이를 조절가능하기 때문에, 다양한 휨 반경을 얻을 수 있다. 그림 3.6은 작업 중인 전기유도벤딩 장치의 모습이다. 전기유도벤딩은 롤러벤딩과 조합이 가능하며, 관련내용은 다음 절에 설명되어 있다.

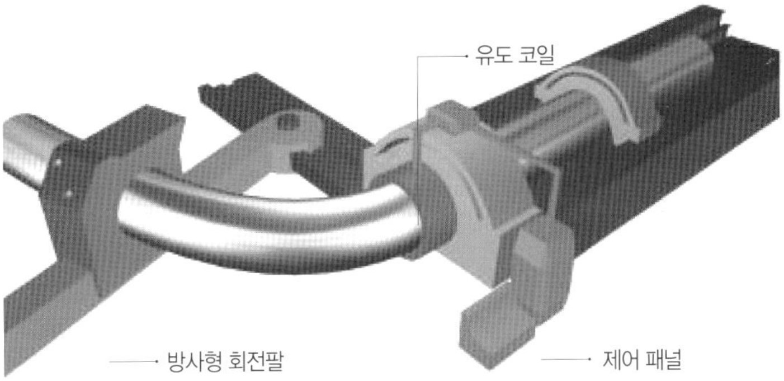

【그림 3.5】 전기유도벤딩 장치

【그림 3.6】 대구경 강관의 전기유도벤딩

3.4 롤러·전기유도 합성벤딩

전기유도 벤딩만을 사용할 때 최대 휨 반경은 방사형 회전팔의 길이에 의존한다. 방사형 회전팔 대신 벤딩롤러를 배치하면 더 큰 반경 또는 다축반경을 얻을 수 있다. 휨은 여전히 코일에 의한 가열부에서 발생하지만 실질적인 휨력은 방사형 회전팔보다는 롤러에 의해 가해진다.

3.5 휨 반경

현저한 뒤틀림이 발생하지 않는 한도 내에서 이루어지는 부재의 최소 휨 반경은 부재의 단면 특성이나 벤딩 방법에 따라 달라질 수 있다. 장비와 공정의 발달로 최소 반경은 지속적으로 감소되고 있다. 이러한 이유로 최소 반경에 대한 일람은 본서에는 수록하지 않았다. 그러나 벤딩 전문가를 통하면 원하는 정보를 즉시 얻을 수 있을 것이다. 부록 B에 수록된 전문가의 웹사이트 목록을 참고하기 바란다.

부재의 휨 반경이 강구조용 곡선부재 사용시 제한요소가 되지는 않는다는 점에 대해 주목할 필요가 있다.

부재의 곡선가공 시 양 단부에는 항상 곡선처리되지 않고 직선으로 남는 부분이 있다. 완전히 가공된 부분만 필요한 경우 이 부분은 제거되어야 한다. 그러나 대부분의 경우 영향이 크지 않기 때문에 그대로 두어도 무방하다.

곡선부재를 사용할 때에는 휨 반경과 부재 마감, 가격 등에 대한 세부사항에 대하여 벤딩 전문가들과 상의하기를 권고한다. 프로젝트 설계 단계에서부터 전문가와 협의를 한다면 후속 단계에서 소비되는 시간과 비용을 상당히 절약할 수 있다.

3.6 다축 벤딩과 3차원 벤딩가공

일반적으로 개단면, 밀실한 단면, 중공단면은 1축이나 다축, 포물선, 타원형 등의 형태로 가공할 수 있으며 특수한 형태의 벤딩가공도 가능하다. 제한적이지만 2방향으로의 휨가공이나 나선형의 가공도 가능하다. 그러나 실용적인 측면에서 3차원 휨 가공의 형태와 깊이는 상당한 물리적 제약이 있다. 그러므로 3차원 휨 가공 시 유의사항들을 초기 단계에서부터 신중하게 고려하여야 할 것이다.

CHAPTER 04

금속학적 고려사항

냉간공정 과정에서 재료는 탄성한계를 넘어서는 변형을 받아 영구변형이 발생한다. 보의 경우 외측 플랜지는 인장응력을 받고 내측 플랜지는 압축 응력을 받는다.

구조용으로 사용되는 일반 저탄소 구조용강에서는 곡선공정에 의해 발생된 변형은 부재에 악영향을 미치지 않으며, 가공 후에도 탄성범위 내에서 가공 전과 같은 탄성 특성을 보인다. 하지만 4.1절에 기술된 바와 같이 변형성능은 약간 감소된다.

강재는 냉간 성형공정에 의해 변형경화된다. 변형경화의 정도는 휨 가공의 정도와 단면의 기하학적 형태에 따라 달라진다. 냉간가공된 강재의 인장시험에서는 연성에서 약간 손실이 발생하지만 종국최대강도는 더욱 높아진다. 연성의 손실이 발생하더라도 일반 구조에서는 그 영향이 매우 적으며 대부분의 경우 무시할 수 있다.

영국과 유럽, 미국의 기준에는 건설용 냉간가공 구조부재의 휨 반경의 제한치에 관한 기준이 마련되어 있지 않다. 그러나 BS 5500[2](the UK pressure vessel Standard 영국 압력 용기 기준)은 압력을 받는 탄소강 부재를 후열처리와 같은 특별한 공정을 거치치 않고도 최대 5% 변형률 정도까지 냉간가공 할 수 있도록 허용하고 있다. 이와 유사하게 해양건축의 일부 시방서에서는 냉간가공시 변형률을 최대 5% 정도까지 허용하고 있다. 적용할 수 있는 건설산업 기준이 존재하지 않기 때문에 훨씬 더 엄격한 상황의 기준을 적용하여 비교하는 것이 합리적이라고 할 수 있다. 냉간가공시 평행한 플랜지를 가지는 대부분의 구조용 보(I형강, H형강)의 주축방향 최소 휨 반경은 이론적으로 구한 최대 변형률과 같으며 이는 적용 가능한 가장 엄격한 기준인 5%보다 훨씬 적다는 점을 주목하여야 한다.

곡선부재가 저온 등의 이상 환경에서 사용되거나 피로가 누적되었을 경우 필요에 따라 재료특성 시험을 수행할 수 있다. 소성힌지와 같이 설계상 상당한 연성이 요구되는 지점에서는 휨 가공공정으로 인한 연성의 손실에 대한 추가적인 고려가 필요하다. 곡선부재에서 힌지를 피하거나 실제 재료시험을 통한 재료의 실제 특성을 사용할 수 있다. 곡선부재의 소성설계에 관한 상세내용은 5.4.1절에 기술되어 있다.

열간 휨 가공 시에도 기계적 특성의 변화가 발생하지만, 이 경우 가장 큰 영향을 미치는 요인은 냉간공정의 지배요인인 재료의 변형률과는 달리 가열과 후속 냉각과정에서의 열 변화율이라고 볼 수 있다. 전기유도벤딩 공정 도중 재료특성에 상당한 변화가 발생할 수 있다. 필요한 경우 그 특성을 회복하기 위해서는 일반적으로 후열처리과정을 거친다. 이에 관하여서는 전문가(부록 B 참조)와의 협의가 필요하다.

4.1 응력-변형도 관계

그림 4.1은 구조용 강재의 이상적인 응력-변형도 그래프이다. 그림 4.2는 항복점을 분명히 알 수 없는 조금 더 현실적인 응력-변형도 그래프이다. 그림 4.2에서 항복점이 명확하게 나타나지 않는 것은 강재의 화학성분, 최종 제품 생산 공정, 제조공장에서의 롤교정과 같은 후속공정 등 다양한 원인에 의한다.

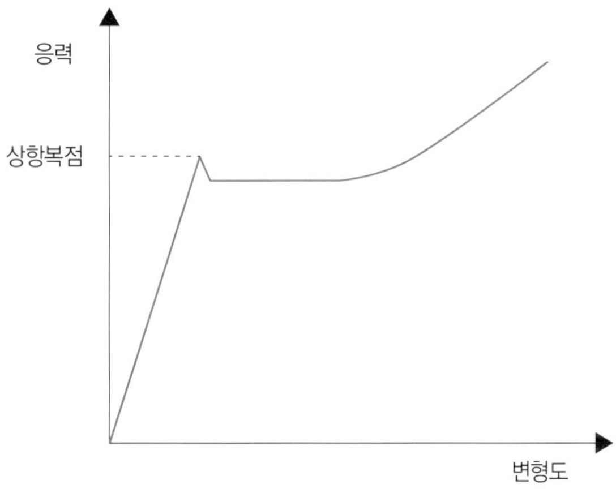

【그림 4.1】 강재의 이상적인 응력-변형도 곡선

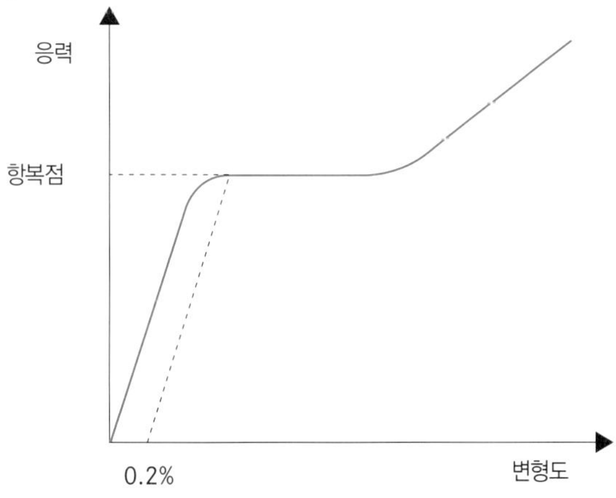

【그림 4.2】 항복점이 불분명한 응력-변형도 곡선

그림 4.3은 그림 4.1과 비슷한 응력-변형도 그래프이며 냉간 휨 가공에 의한 전형적인 응력-변형률 곡선을 나타낸다. 변형도가 커질수록 응력은 A에서 항복점 B로 상승하다가 부재가 벤딩롤러를 통과하면서 항복붕을 따라 거의 일정하게 유지된다. 부재가 벤딩롤러를 완전히 통과하면 C에서 D로 탄성 제하된다. 부재가 다시 힘을 받으면 그림 4.1과 같이 응력-변형도 경로가 D에서 C를 향하는 탄성거동을 보인다. 이 과정에서 재료의 변형능력(연성) 중 일부가 곡선공정에 의해 소모되었다.

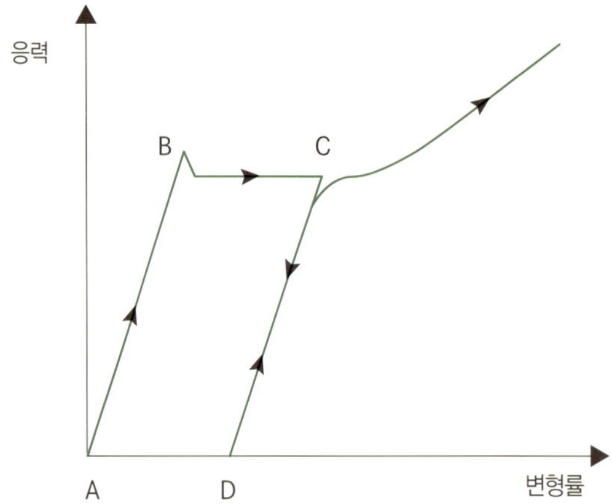

【그림 4.3】 냉간 휨 가공의 영향에 의한 응력-변형률 곡선

CHAPTER 05

일반적 설계고려사항

5.1 개요

이 장에서는 곡선부재에 영향을 미치는 전반적인 설계 고려사항들에 대하여 검토한다:

- 휨으로 인한 잔류응력 – 크기와 영향
- 플랜지의 면외 휨
- 프레임 해석 – 탄성 혹은 소성해석의 선택
- 해석 프로그램에서 모델링 작업시 고려사항
- 해석모델과 실제 구조물의 차이점
- 해석 프로그램에서의 좌굴 검토

수직 곡선부재와 문형 프레임 구조, 수평 곡선부재의 설계에 관한 세부지침이 6, 7, 8장에 각각 기술되었다.

5.2 잔류응력

5.2.1 일반 사항

전기유도벤딩과 냉간벤딩은 부재의 잔류응력에 영향을 미친다. 전기유도벤딩시 가해진 열은 부재의 잔류응력을 감소시킨다; 전기유도벤딩으로 가공된 곡선부재의 잔류응력은 직선부재의 잔류응력보다 크게 중요치 않다.

냉간공정은 부재의 잔류응력을 변화시킨다. 휨 가공 후에 남는 이러한 잔류응력의 크기는 부재 굴곡면의 특성에 따라 다르다. 잔류응력은 부재단면의 저항력에 영향을 미치지 않는다.

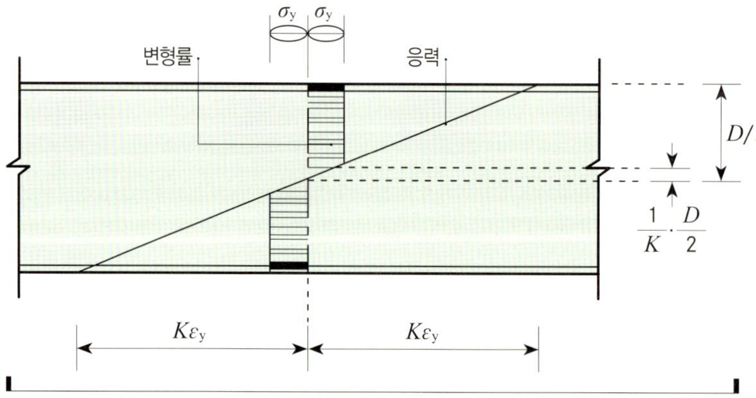

【그림 5.1】 변형률–응력 (롤러 사이를 통과할 때)

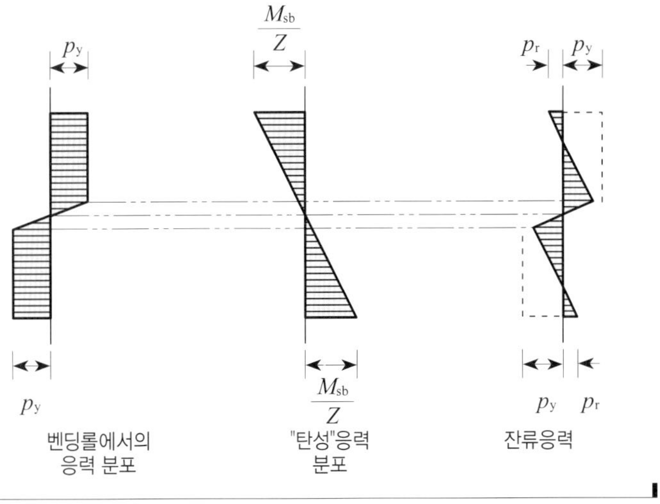

【그림 5.2】 벤딩에 의한 응력, "탄성"응력과 잔류응력

부재가 벤딩롤러 사이를 통과할 때 변형은 항복변형률을 초과하게 되고 약간의 소성변형이 발생한다. 부재가 벤딩롤러 사이를 완전히 통과하면 탄성복원되어 단면이 평형상태를 이룬다. 그림 5.1은 최외단부의 변형률이 $K\varepsilon_y$(ε_y가 강재의 항복변형률이 되는 점)에 이를 때의 응력분포를 나타내고 있다. 중립축에 가까울수록 탄성영역의 응력이 유지된다. 그림 5.2는 휨 모멘트 M_{br}과 "탄성" 모멘트 M_{Sb}에 의해 발생한 모멘트를 보여준다.

$$M_{br} + M_{Sb} = 0$$

"탄성" 모멘트는 탄성이며 단부에서의 "탄성" 변형률은 항복변형률을 초과한다. 즉, 단부에서의 잔류응력 P_r은 벤딩롤러가 가한 응력의 반대방향이며 다음과 같다:

$$p_r = \left(\frac{M_{sb}}{Z}\right) - p_y$$

잔류응력을 계산하기 위해서는 벤딩롤러에서 발생되는 휨 모멘트를 보수적으로 소성 모멘트 M_p (= p_yS). 로 간주할 수 있다.

"탄성"응력 p_{sb}는 다음과 같다:

$$p_{sb}Z = p_yS \qquad \text{여기서} \quad p_{sb} = \frac{p_yS}{Z}$$

그러므로 최외단부에서의 잔류응력은 다음과 같다:

$$p_r = p_{sb} - p_y = \frac{p_y S}{Z} - p_y = p_y\left(\frac{S}{Z} - 1\right)$$

5.2.2 수직 곡선부재 내의 응력

수직방향으로의 곡선보(I형강, H형강)의 S_x / Z_x의 비율은 일반적으로 1.12이므로

$p_r = (1.12 - 1)\, p_y = 0.12\, p_y$

이 정도 크기의 잔류응력은 보통 직선보 제조공정에서 웨브와 플랜지 단부 간의 냉각속도의 차로 인해 발생하는 응력범위 내에 있다. 곡선공정에서 발생하는 변형이 항복변형률을 초과하기 때문에, 곡선공정을 거치는 직선 보의 잔류응력은 제거된다. 그러므로 잔류응력은 직선 보에 잔류응력이 추가되는 것이 아니라 곡선공정에서 발생하는 수준으로 제한된다.

중량의 단면으로 이루어진 기둥 부재(I형강, H형강)의 S_x / Z_x 비율은 일반적으로 보 부재(I 형강, H형강)보다 약간 큰 값을 가지며 p_r은 최대 $0.22p_y$로 나타난다.

구조용 강관에서는 일반적으로 $p_r \approx 0.2p_y$이다.

5.2.3 수평 곡선부재 내의 응력

수평 곡선 I형강에서 S_y / Z_y 의 비율은 약 1.5이며 p_r은 다음과 같다.

$p_r = (1.5 - 1)\, p_y = 0.5\, p_y$

사용한계상태(SLS, Serviceability Limit State)응력이 일반적으로 $0.6p_y$ 라고 하면 잔류응력이 추가됨에 따라 사용하중 하에서 약간의 소성변형이 일어날 수 있다. 그러나 대부분의 경우 처짐 기준에 의해 보단면이 결정되므로 사용한계상태(SLS)응력은 항복점을 초과하지 않는다.

구조용 강관의 S_y / Z_y 비율은 낮으며 일반적으로 $p_r \approx 0.2P_y$ 에서 $0.3p_y$ 이다. 약축방향으로 곡선을 가지는 각형강관(RHS, Rectangular Hollow Sections)의 p_r 은 이보다 더 낮다.

5.3 곡면으로 인한 플랜지의 면외 휨

면내 휨이나 축하중을 받는 곡선부재의 플랜지는 부재의 곡면에 의한 면외방향 요소의 하중에 대해서도 저항하여야 한다. 이는 형강과 강관 모두에 해당한다.

그림 5.3은 휨을 받는 일반적인 I형강이다. 그림 5.4는 같은 I형강 부재에서 웨브와 평행한 단면 AA와 BB면 사이를 절단한 면을 나타낸다. σ_1이 경사로 작용하는 까닭에 절단면의 외단부에서 힘이 치우쳐 평형을 이루지 못한다. 그림 5.5에서는 이러한 치우침으로 인해 플랜지에서 면외 휨에 의해 저항하여야 하는 하중이 방사형 형상으로 절단면 전체에 걸쳐 발생함을 볼 수 있다. 각형강관에서도 이와 유사한 효과가 발생하며 이는 그림 5.6에 나타나 있다.

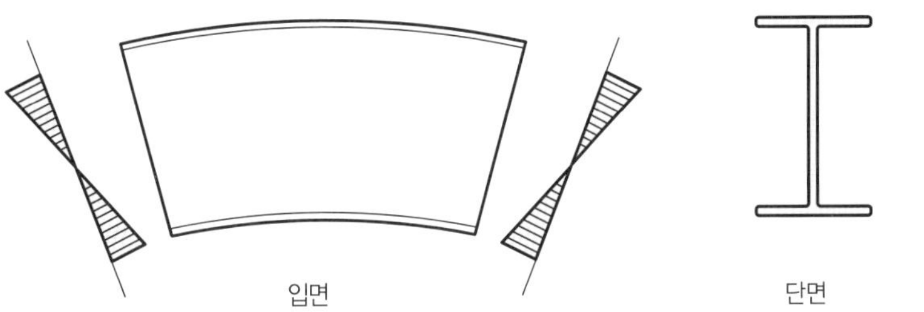

【그림 5.3】 휨 모멘트를 받는 곡선 I형강

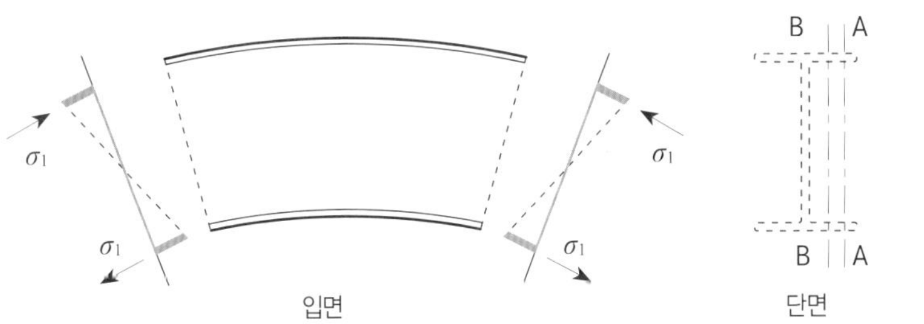

【그림 5.4】 곡선 I형강의 절단면

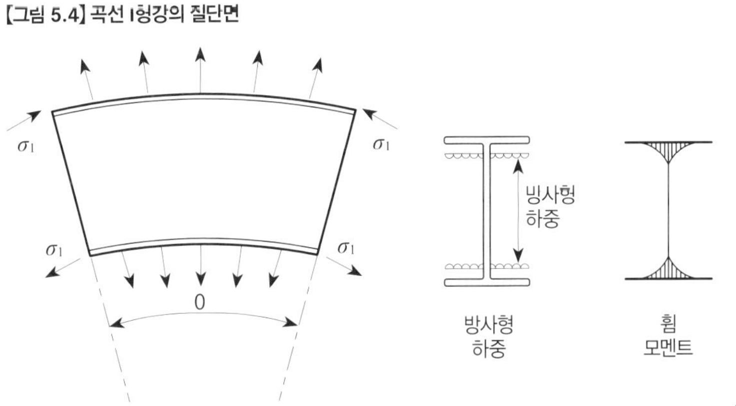

【그림 5.5】 I형강 플랜지의 면외 휨

전체 휨응력이 σ_1인 I형강의 플랜지에서는 면외 휨응력은 그림 5.7의 하중으로부터 다음과 같이 유도된다.

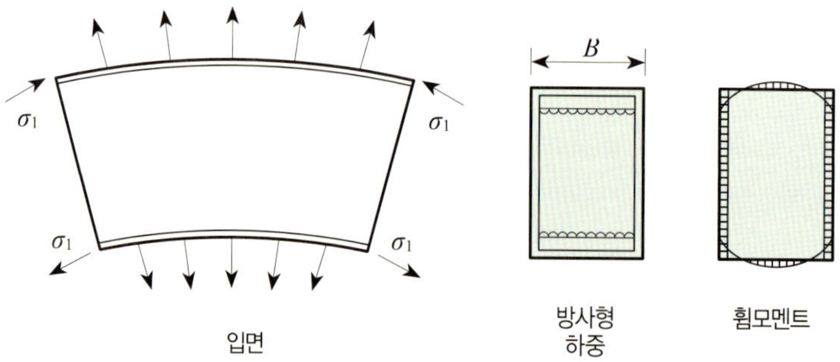

【그림 5.6】 각형강관 플랜지의 면외 휨

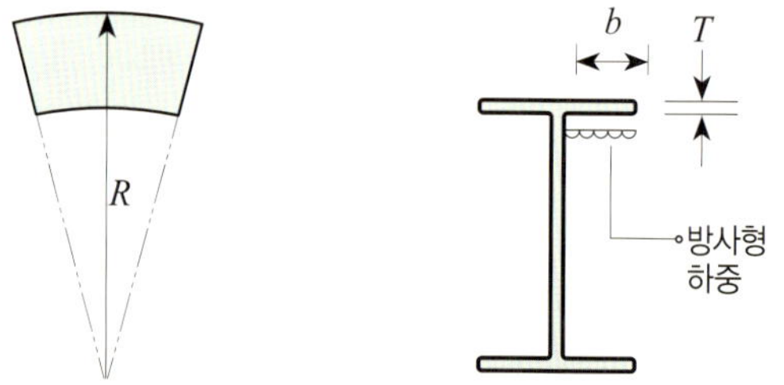

【그림 5.7】 면외 휨응력의 유도

플랜지에서의 방사형 하중 $= \dfrac{T\sigma_1}{R}$

여기서

R은 플랜지 곡률반경

T는 플랜지의 두께

플랜지 단부로부터 거리 b에서의 플랜지의 단위길이당 휨 모멘트 M은 다음과 같다.

$$M = \left(\frac{T\sigma_1}{R}\right)\left(\frac{b^2}{2}\right)$$

플랜지의 단위길이당 탄성 단면계수는 $Z = \dfrac{T^2}{6}$ 이다.

여기서 면외 휨응력은

$$\sigma_2 = \frac{M}{Z} = \left(\frac{\dfrac{T\sigma_1 b^2}{2R}}{\dfrac{T^2}{6}} \right) = \frac{3\sigma_1 b^2}{RT} \text{ 이다.}$$

각형강관의 모서리가 단순지지 되었다고 가정한 강관의 플랜지에서의 최대 모멘트는

$$M = \left(\frac{T\sigma_1}{R} \right) \left(\frac{B^2}{8} \right) \text{를 초과하지 않는다.}$$

면외 휨응력은 다음과 같다.

$$\sigma_2 = \frac{3\sigma_1 B^2}{4RT}$$

면외응력 σ_2는 그림 5.8에 나타나 있다.

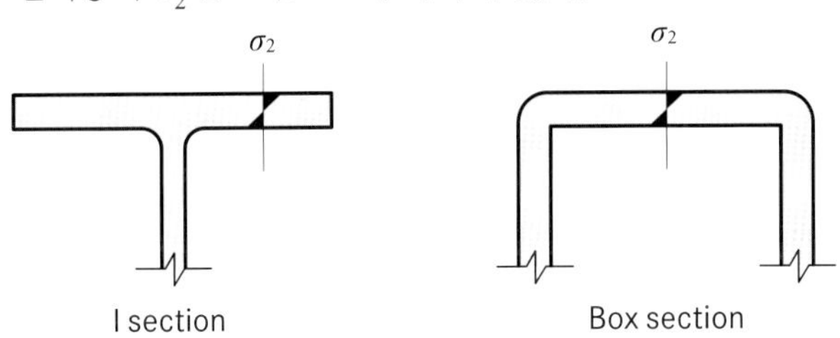

【그림 5.8】 플랜지의 면외응력

엄밀히 말하면 식 5.1과 5.2의 곡률반경 R은 플랜지에서의 곡률반경이다. 그러나 면외 휨응력 σ_2의 변화에 영향을 크게 받지 않는 von Mises의 항복기준으로 σ_2의 영향을 계산하므로 실제적으로는 대부분의 경우에서 보 중립축의 반지름을 사용하여 발생하는 계산 오차는 무시할 수 있다. 더욱이 이러한 면외응력에 의해 감소된 단면내력을 계산할 때에는 플랜지의 탄성계수(소성계수보다는)를 다소 보수적인 값을 사용하여 계산하다. 감소된 단면내력의 산정에 대해서는 6.3.2절에 기술되어 있다.

박판으로 된 원형강관에 작용하는 전체 휨모멘트는 원형단면을 타원화함으로써 내력을 감소시킬 수 있다. 그림 5.9는 조금 납작해지고 폭이 넓어진 타원화된 단면의 모습이다. 휨 모멘트에 의한 타원화는 곡선과 직선부재 모두에서 발생한

다. 그러나 이는 일반건물용으로 정상적인 공정을 거쳐 생산된 부재에서 거의 문제가 되지 않아 본서에서는 고려하지 않았다.

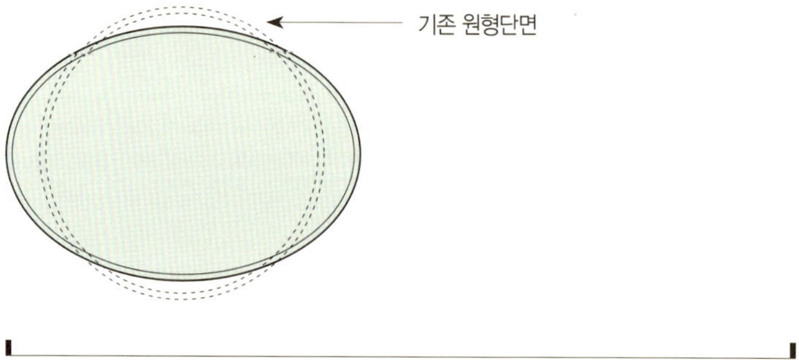

【그림 5.9】 원형강관의 타원화

5.3.2 면외 휨응력의 영향

면외 하중은 수평방향 휨응력 σ_2으로 인해 부재의 단면 저항력을 감소시키며 이는 von Mises 관계를 이용하여 설명할 수 있다. 그러나 I형강의 플랜지 단부에서 면외 휨응력은 0이다(그림 5.5참조). 따라서 횡 비틀림 좌굴강도 M_b와 약축의 횡좌굴강도 P_{cy}가 모두 플랜지 단부의 응력에 따른 값이므로 I형강에서의 면외 휨응력은 이 저항력들에 영향을 미치지 않는다. 면외 휨응력은 면내 좌굴강도 P_{cx}와 국부 휨 강도 M_{cx}을 감소시키며, 그 계산법은 다음 장에 설명되어 있다. 면외 휨응력은 강관의 강도 계산시 언제나 고려되어야 한다.

일부 면외응력은 (벤딩롤러를 이용한) 냉간공정을 거치며 잔류응력으로 변환된다. 그러나 이는 무시할 수 있을 정도로 충분히 작다.

5.4 프레임 분석 - 탄성과 소성

5.4.1 수직 곡선부재를 사용한 프레임

곡선부재가 기하학적으로 5.5절에서 설명한 내용과 부합된다면 탄성 프레임 해석은 수직 곡선부재를 사용한 어떠한 프레임에도 이용 가능하다.

직선부재를 사용한 단층 문형 프레임 해석에 가장 일반적으로 쓰이는 소성해석법은 완만한 곡면의 서까래를 얹은 단층 문형 프레임에도 사용할 수 있다. 본서에서 제시하는 지침은 적당한 곡면의 서까래를 사용하거나, 직선 서까래의 경우에는 약 10°의 지붕경사를 가지는 프레임에 적합하다.

곡선 휨 공정에 의해 연성이 약간 감소되며, 이는 부재에 소성힌지 발생이 예상될 때는 반드시 고려되어야 한다. 위에서 기술한 전형적인 서까래를 얹은 완만한 곡면의 프레임에서 곡선공정 중 발생하는 변형은 일반적으로 약 1% 정도이다. 최대 5% 이하의 변형은 물질 특성[3]에 큰 영향을 주지 않지만, 보다 신뢰성을 높이기 위하여 영국에서의 수많은 경험적 자료들을 바탕으로 변형률 허용한도를 2.5%로 제한하고 있다. 완만한 곡면의 서까래는 이 제한을 충분히 만족한다.

힌지의 허용회전을 감소시켜 그 붕괴 메커니즘이 이 (감소된) 허용한계보다 큰 회전이 발생하지 않음을 확인하는 방법도 있다. 일반적인 (직선) 철골부재의 경우 소성힌지의 최대 회전은 보통 6°까지 허용된다. 완만한 곡선부재에서는 이미 발생한 변형을 감안하여 3°로 제한할 것을 권장한다. 해석을 통해 계산된 회전이 감소된 한계를 벗어나지 않는지 확인하여야 한다. 이는 지나친 제한으로 볼 수 없으며 실제로 이 감소된 제한도 정상의 기하학적 구조를 가진 프레임에서 큰 영향이 없다.

“곡선” 강재로서의 특성이 파악되지 않았다면 작은 반경의 곡선 부재에서는 소성힌지가 허용되어서는 안 된다.

5.4.2 수평 곡선부재를 사용한 프레임

탄성해석은 수평 곡선부재를 사용한 모든 프레임에서 사용된다. 소성해석법은 다음의 이유로 수평 곡선부재에 이용하지 않도록 하고 있다.

- 수평 곡선부재는 기준의 처짐 제한기준 혹은 눈에 띄는 처짐을 피하기 위한 처짐 제한조건에 지배되는 경우가 많다. 사용한계상태(SLS)설계에 지배된다면 경제성 확보를 위해 극한한계상태(ULS)설계에 의한 소성설계를 이용할 필요가 없다.
- 수평방향 곡선을 가진 돌출 플랜지는 직선부재보다 불안정하다.
- 소성변형이 발생할 경우 큰 비틀림 변위가 발생할 수 있고 이는 프레임의 안정성을 불균형적으로 약화시킬 수 있다.

5.5 해석을 위한 곡선부재 모델링

5.5.1 일반사항

해석 프로그램에서는 일반적으로 직선 부재만을 모델링할 수 있다. 곡선부재를 모델링하기 위해서는 여러 개의 짧은 직선선분들을 연결시키는 방법을 이용할 수 있지만 몇 가지 고려해야 할 사항이 있다(그림 5.10 참조). 주요 고려사항은 다음과 같다.

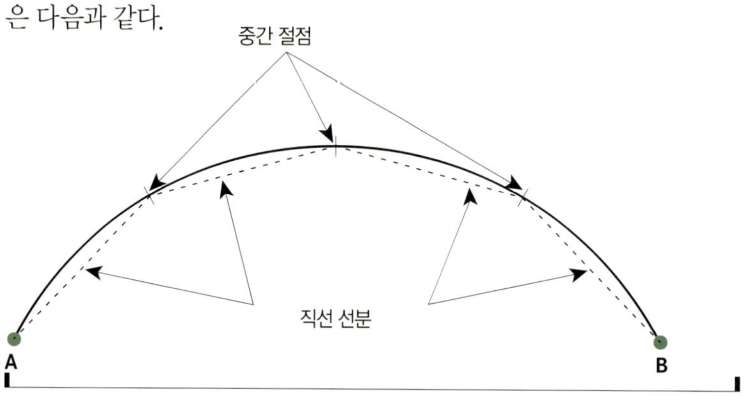

【그림 5.10】 곡선 부재 AB를 형성하는 여러 개의 직선선분

5.5.2 곡선부재 묘사를 위한 직선선분의 개수

해석요소의 수가 많을수록 곡선부재와 이를 묘사하는 선분 간의 오차가 최소화되어 모델의 정확성이 높아진다. 반원형 부재 모델링시 5개의 선분으로는 정교하지 못한 모델이 되지만 10개의 선분은 합리적인 모델이 될 수 있으며 20개의 선분은 매우 좋은 모델이 된다.

부재 개수의 선택은 모델링하고자 하는 곡선부재의 곡률에 크게 좌우된다. 일반적으로 아주 완만한 곡률을 가진 부재에서는 해석모델과 실제 구조물 사이의 오차를 간단히 계산할 수 있기 때문에 모델을 많은 수의 해석요소로 나눌 필요가 없다. 그림 5.11의 곡현 트러스에서는 각 교점 사이의 단일 직선 해석요소와 실제 곡선부재 간의 오차가 매우 작기 때문에 5.6절에서 설명한 바와 같이 기둥강도 측정시에 적절한 모멘트를 추가시킴으로써 상쇄시킬 수 있다. 그러나 모델링하고자 하는 곡률이 증가하거나 모델의 정확도에 대한 요구가 증가할수록 부재를 모델링하는데 더 많은 선분이 필요하다.

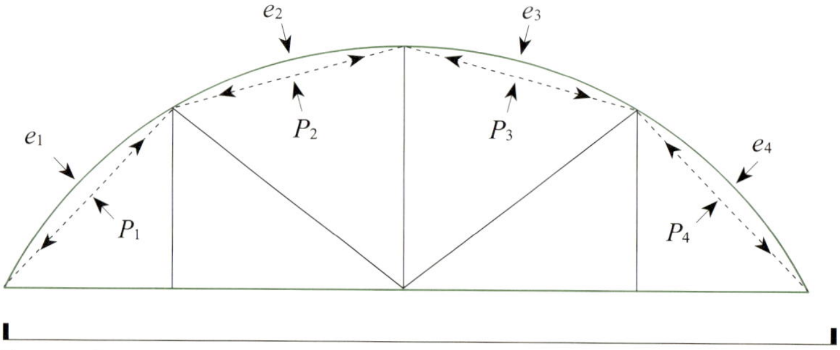

【그림 5.11】 곡선 현재를 가지는 트러스의 직선 모델링

5.5.3 지점조건

각 부재의 실제 지점조건은 가능한 정확하게 모델링되어야 한다. 실제 지점조건은 3방향에서 매우 다르게 나타남을 기억하여야 한다. 대부분의 구조물에서 지점조건이 직선부재의 성능보다 곡선부재의 성능에 미치는 영향이 훨씬 큰 것으로 나타났다. 주어진 두 사례를 살펴보자.

수직 곡선부재

부재가 수직방향의 곡선을 가지고 지점이 부재 길이방향으로 충분한 강성을 갖는다면 (즉, 지점이 수평방향 강성을 가져 "벌어짐"을 방지할 때) 부재는 아치와 같이 거동하는 경향이 있다. 지점의 강성이 부정확하게 모델링된다면 정확한 결과를 얻을 수 없다. 모델에서 지점의 강성이 과대평가된다면 아치형 곡선부재의 거동은 과대평가될 것이다. 이로 인해 아치의 수직 처짐과 부재 내 휨 모멘트가 지나치게 과소평가될 수 있다. 실제 지점강성에 대하여 세심하게 고려하지 않고 완전고정으로 가정하거나 모델링하여서는 안 된다. 아치의 지점강성은 6.4절에서 좀 더 상세하게 설명하였다.

수평 곡선보

수평 곡선보는 곡면으로 인한 비틀림에 저항하여야 한다. 비틀림 면에서 단부 접합의 강성이 크지 않다면 보는 비틀어지고 처짐을 일으킬 수 있다. 이는 시각적으로 아름답지 않을 뿐만 아니라 주변의 마감에서 균열이 발생할 수 있다. 해석 결과가 실제에 적합하도록 하기 위해 각 평면에서 강성을 가정할 때에는 특별한 주의가 요구된다.

5.5.4 뒤틀림 강성

단면 둘레의 전단응력에 의해 발생하는 순수한 비틀림 강성과는 대조적으로 뒤틀림 강성은 부재에 나타나는 직접응력에 의해 발생하는 뒤틀림에 저항하는 강성이다. 뒤틀림에 의해 발생하는 비틀림에 대한 저항력의 예는 I형강 보의 중앙스팬에 뒤틀림 모멘트(회전력)가 가해진 경우이다. 작용모멘트는 그림 5.12에 나타난 바와 같이 순수한 비틀림보다는 플렌지의 수평방향 힘에 의해 저항된다. 뒤틀림과 비틀림은 거의 모든 사례에서 발생한다. 뒤틀림은 형강부재가 짧고 횡방향 휨모멘트가 발생되는 지지조건을 가진 개단면 부재에서 대부분의 비틀림에 저항한다.

대부분의 해석프로그램에서는 선 요소에 뒤틀림 강성을 포함하지 않고 있다. 이는 뒤틀림에 저항하는 부재의 강성이 과소 측정되었고 응력평가단계에서 그에 따른 결함이 발생할 수 있다는 것을 의미한다.

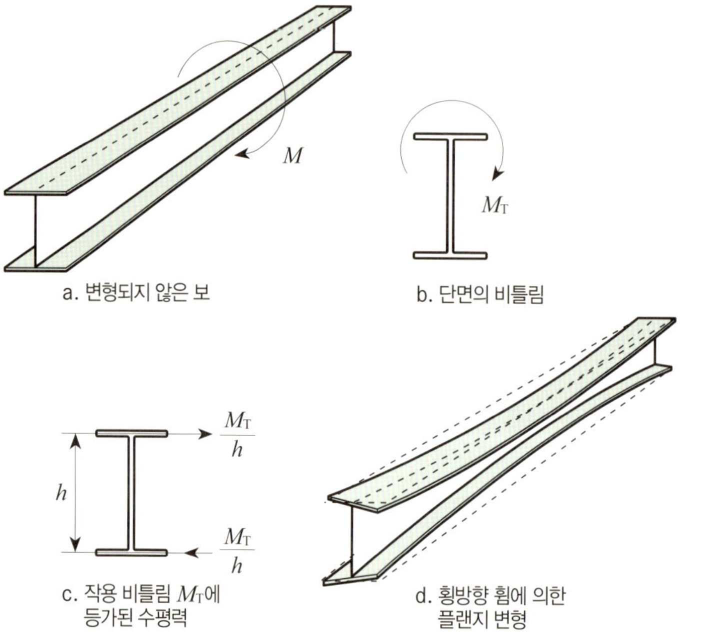

【그림 5.12】 뒤틀림에 의한 저항력

5.5.5 해석결과의 분석

컴퓨터 해석은 보통 국부 요소 축에서 이루어진다. 이 축은 절점에서 실제 부재단면축이 아니라는 것을 기억하여야 한다. 이는 국부 요소의 축은 직선부재의 절점과 절점을 잇는 선으로 치환되어 있으며, 실제 곡선부재의 절점에서 접선축과 다르기 때문이다. 이는 실제 단면의 비틀림이나 모멘트를 구하기 위해서는 반드시 다양한 축으로 분해하여 결과를 도출해야 함을 의미한다. 또한 절점의 한 요소에서 구해진 모멘트와 비틀림은 다른 요소에서 산출된 양과 약간의 오차가 있다는 것을 의미한다. 그러나 실제로 각 곡선부재의 모델링에 적정 수의 요소가 사용된 경우의 오차는 각 절점에서 발생한 모멘트와 비틀림의 가장 불리한 값을 사용하는 다소 보수적인 방법으로 상쇄될 수 있을 정도로 매우 작다.

처짐량 산출에도 특별한 주의가 요구된다. 처짐은 프레임의 지지대에 관련한 절대 처짐보다는 주로 해석요소의 단부에 관련하여 발생된다.

5.6 분석 모델과 실제 구조물의 오차 허용

5.6.1 일반사항

해석모델과 실제 구조물간의 주요 오차는 부재의 강도 검토시 계산되어야 한다. 다음 절에서는 직선요소를 이용한 곡선부재의 모델링 효과와 뒤틀림 강성의 영향을 계산하는 방법을 알아본다.

5.6.2 편차

해석모델이 여러 개의 직선선분을 연결한 곡선부재(일반적으로 핀 이음 트러스 해석시 사용되는)일 경우 실제 모델의 곡선과 직선선분간 편차의 영향이 반드시 계산되어야 한다. 축방향으로 재하된 부재에서 이러한 오차는 그림 5.13에 표시된 편차 e와 축력 P에 의해 증가된 모멘트를 추가시킴으로써 계산할 수 있다. 연속 곡선부재로 이루어진 트러스의 경우, 그림 5.14와 같이 현재와 사재의 교차점 사이에 하나의 직선 요소만이 모델링되었다면 그림 5.13의 단순 계산식은 부가 모멘트를 보수적으로 평가하게 된다. 그림 5.15의 다른 계산식은 부재설계 시 부가 모멘트를 작게하기 위해 현재의 연속성을 고려한 것이다.

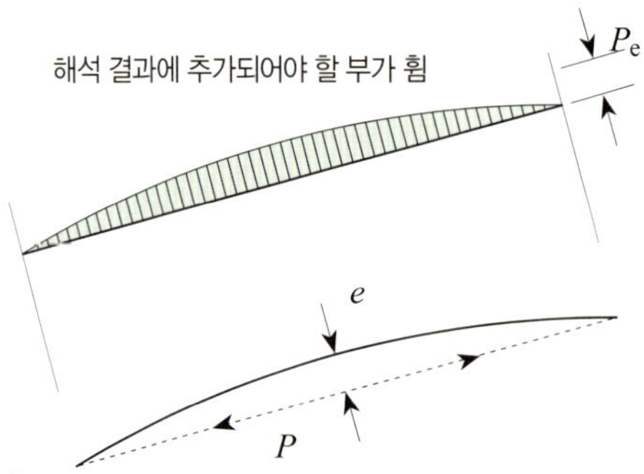

【그림 5.13】 곡현에서 발생하는 추가 휨 모멘트

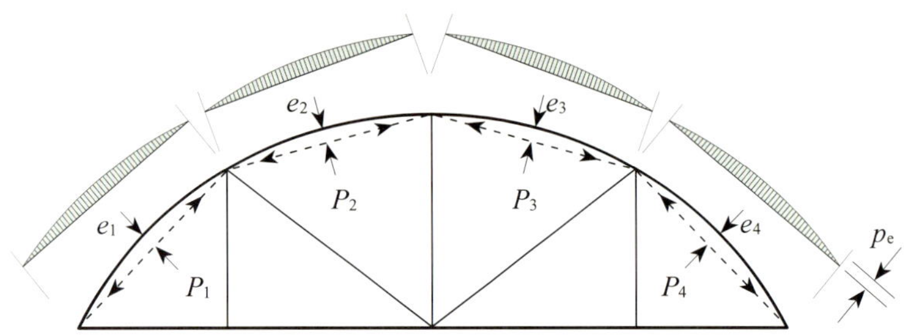

【그림 5.14】 연속 현재에서의 추가모멘트의 단순 평가

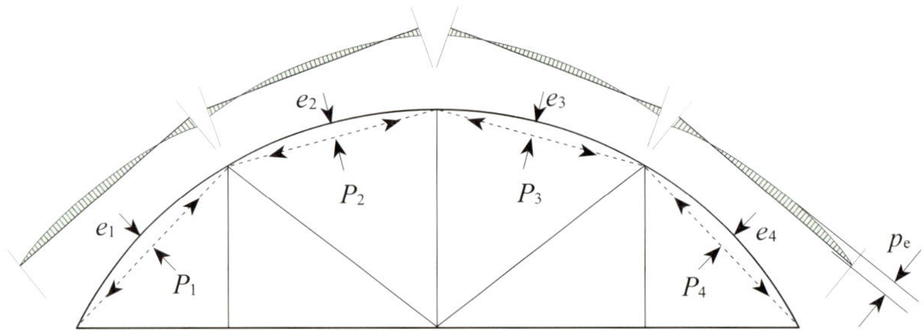

【그림 5.15】 연속 현재에서의 추가모멘트의 보다 정확한 분배

5.6.3 뒤틀림

뒤틀림은 5.5.4절에서 이미 설명한 바 있다. 대부분의 프레임 해석 프로그램에서는 뒤틀림의 영향을 계산하지 않는다. 원형강관(CHS)의 뒤틀림 강성은 0이기 때문에 해석에 미치는 영향이 없다. 각형강관(RHS)은 뒤틀림 강성이 작고 비틀림 강성이 크기 때문에 이에 대한 영향을 크게 받지 않는다. 그러나 I형강은 비틀림 강성이 낮기 때문에 뒤틀림 강성이 매우 중요하다.

I형강 해석시 뒤틀림 강성을 고려하지 않으면 처짐과 비틀림에 의한 전단응력이 과대평가될 우려가 있다. 일반적으로 비틀림응력의 과대평가는 부재 단면 저항력의 과소평가로 이어진다. 그러나 주로 길이방향의 직접응력인 뒤틀림응력이 고려되지 않는다면 수평방향 비틀림이나 횡좌굴이 지나치게 과대평가될 수 있다. 이러한 이유로 뒤틀림 응력은 8.5.3과 8.5.4절에 기술한 강도 평가에 포함되어야 한다.

5.7 프로그램을 이용한 좌굴 검증

대부분의 구조 해석 프로그램은 BS5950-1의 기준에 따른 부재 저항력 검증용 모듈을 갖추고 있다. 그러나 이 기능은 다음과 같은 이유로 잘못된 결과를 나타낼 수 있다.

- 대부분의 해석 프로그램은 곡선부재에 적합한 저항력 검증 기능을 갖추고 있지 않다.
- BS5950-1은 직선부재만을 고려하기 때문에 곡선보와 같은 특별한 경우에 적용하였을 때 불안전한 결과가 나타난다.
- 일부 해석 프로그램은 각 직선분할성분의 길이에 대한 안정성 검사를 수행한다. 2개 이상의 직선분할성분이 사용된 곡선부재 모델에서는 유효길이 값에 대한 심각한 오류를 초래할 수 있다.

CHAPTER 06

수직 곡선부재

6.1 일반사항

이 장에서는 웨브 면 방향으로 만곡을 가지는 (즉 웨브의 수직방향) 곡선 I형강과 구조강관의 설계를 다룬다. 일반적으로 이 지침은 직선부재에 미리 캠버를 둔 보의 설계에는 적합하지 않다. 아치가 가늘어질수록 횡지지 강성(즉 아치의 "벌어짐"을 막는 것)의 중요성이 점점 높아지며 설계자들은 6.2절에 제시된 경고를 유념할 필요가 있다.

곡선 서까래를 사용한 문형 프레임은 완전한 아치가 아니므로 이 사항이 적용되지 않는다.

수직 곡선부재는 5.3절에서 설명한 바와 같이 플랜지의 국부 면외 휨을 받는다.

이 절에서 제시하는 저항력 검토과정은 BS 5950-1의 기준을 따랐으며, 곡률의 영향을 계산하기 위해 적절히 수정하였다.

6.2 아치

6.2.1 추가 강성 요구사항

수직 곡선부재는 보통 부분적으로나마 아치와 같은 기능이 요구된다. 즉 수직 곡선부재에서 발생하는 휨 모멘트는 직선 보와 같이 거동하는 부재보다 작다. 교대의 수평 강성을(그림 6.1의 교대 강성) 높게 하는 것은 매우 중요하다. 그렇지 않을 경우 (아치의 수평반력이 따로 작용하여) 교대는 벌어지게 되며, 아치 정점의 높이는 그림 6.2에 나타난 바와 같이 상당히 하락할 것이다.

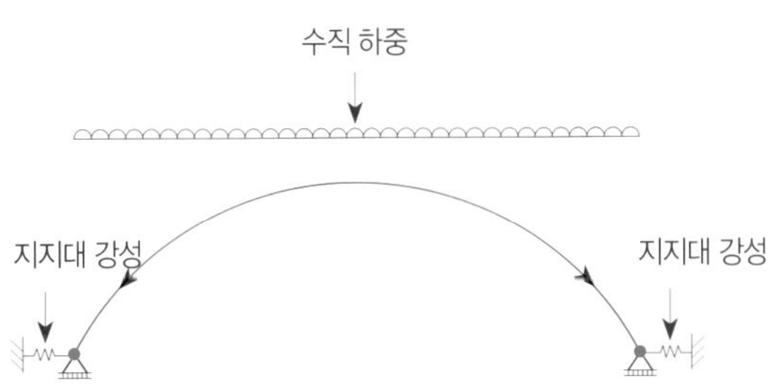

【그림 6.1】 아치와 같이 거동하는 곡선부재

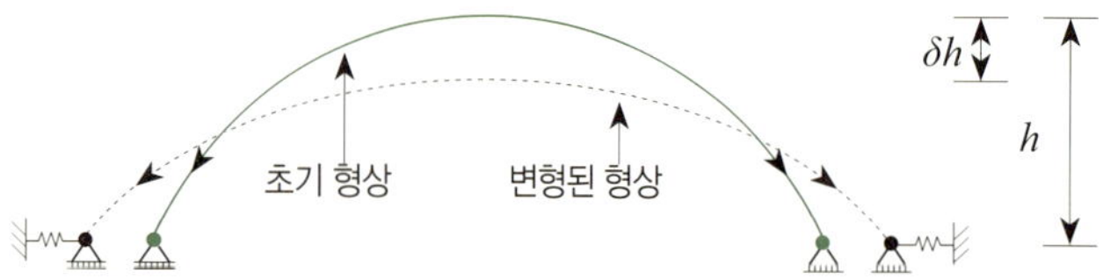

【그림 6.2】 하중을 받는 아치의 높이 감소

지지대의 강성이 작아 수직 곡선부재가 벌어지게 되면 아치 부재에 과응력을 유발시킬 수 있는 하중에 저항하기 위해 축방향 압축력과 휨모멘트가 증가된다. 극단적으로 아치 정점의 처짐 증가는 지지점의 벌어짐을 증가시켜 축방향 압축력의 증가를 야기할 수 있으며, 곧 아치전체의 붕괴로 이어질 수 있다.

아치의 높이를 감소시키는 축방향 압축의 영향이 설계단계에서 고려되지 않았을 경우 부재의 길이가 짧아지며 붕괴를 초래할 수 있다.

지금까지 설명한 두 가지의 영향은 스팬에 비해 높이가 낮은 아치에 더 치명적이다. 극단적으로 매우 낮은 지지강성을 가지는 평아치는 단순보처럼 거동한다.

아치의 높이 감소는 두 가지 방법으로 고려할 수 있다. 가장 간단한 첫 번째 방법은 1차 (미소변형) 프레임 해석의 적합성을 확보하기 위한 높이 감소의 제한방법을 고려하는 것이다. 조금 더 복잡한 두 번째 방법은 아치 높이 감소에 따른 접합부의 벌어짐으로 인해 발생한 실제 처짐량과 축압축력을 찾아내는 것이다. 이 방법은 2차 (대변형)해석이 요구된다. 본서에서는 1차 해석을 통해 제한치를 두는 것으로 충분하다고 판단하여 첫 번째 방법만을 다루었다.

【그림 6.3】 축방향 길이 감소를 검증하기 위한 단순해석모델

극한한계상태하중에서 아치 정점의 처짐이 지지대 사이를 잇는 선으로부터 정점까지 높이의 2.5%보다 작다면, 1차 해석으로 충분히 정확하다고 볼 수 있고

2차 해석의 효과는 무시할 수 있다. 이는 (일반적인 경우에) 해석 프로그램이 압축응력으로 인한 부재 축방향의 길이 감소를 고려한다는 것을 전제로 한 것이다. 이는 그림 6.3과 같이 기둥에 하중을 가했을 때 프로그램에서 기둥의 길이 축소를 관찰함으로써 확인할 수 있다.

아치 처짐의 단순한 검증은 해석에서 사용된 지지강성이 적합하게 적용되었을 때 실제 구조물과 부합된다. 높이스팬비(높이/스팬)가 작을수록 지지강성의 중요성이 더 증가된다.

아치 정점의 처짐이 전체 높이의 2.5%보다 클 경우 아치의 내력과 수반된 휨모멘트의 증가가 고려되어야 한다.

6.2.2 하중유형

아치의 임계하중유형을 판단하기란 쉬운 일이 아니다. 접합부의 하중과 수평강성을 모두 고려하여 각기 다른 조건에서 신중히 고려하여야 한다. 대부분의 경우, 최대 휨모멘트를 유발하는 하중유형은 임계하중유형이다. 신속한 초기단면 산정을 위한 최대축력과 모멘트의 근사식에 대한 설명은 다음과 같다.

최대 축압축력

일반적으로 그림 6.4에 나타낸 바와 같이 전경간에 걸쳐 재하된 등분포하중 하에서 아치의 축압축력은 최대가 된다. 아치가 입면상 포물선 형태이고, 지지대가 "고정된" 상태라면 아치 내에서 압축력의 수평 요소 (추력) F_H는 근사적으로 다음과 같다.

$$F_H \approx \frac{\text{단순보의 경간중앙의 휨모멘트}}{\text{아치 경간중앙에서의 높이}} = \frac{\left(\dfrac{wL^2}{8}\right)}{h} = \frac{wL^2}{8h}$$

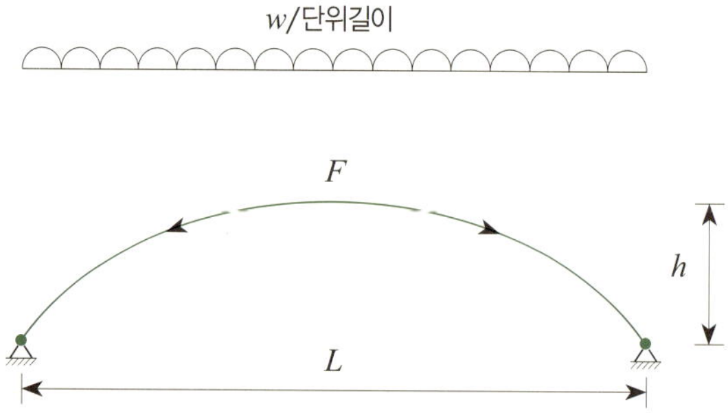

【그림 6.4】 등분포하중이 재하된 포물선 아치

최대 압축력은 아치 지지점에서 발생하고 압축력의 수평성분 F_H와 수직반력 F_V의 벡터 합으로 나타난다.

$$F_{\max} = \sqrt{F_H{}^2 + F_V{}^2}$$

여기서 그림 6.4의 단순하중에 대한 수직반력 $F_V = \dfrac{wL}{2}$

지지대가 현저하게 벌어지지 않는다면 이러한 하중조건에서 휨 모멘트는 일반적으로 작다. 그러나 아치의 지지대가 현저하게 벌어지고 주축방향 휨에 대해 강성이 크다면 휨응력이 중요해진다.

중력하중에 의한 최대 휨

중력하중에 의한 최대 휨은 일반적으로 그림 6.5에서와 같이 아치 경간의 절반에만 하중이 작용하는 부분재하에 의해 발생한다.

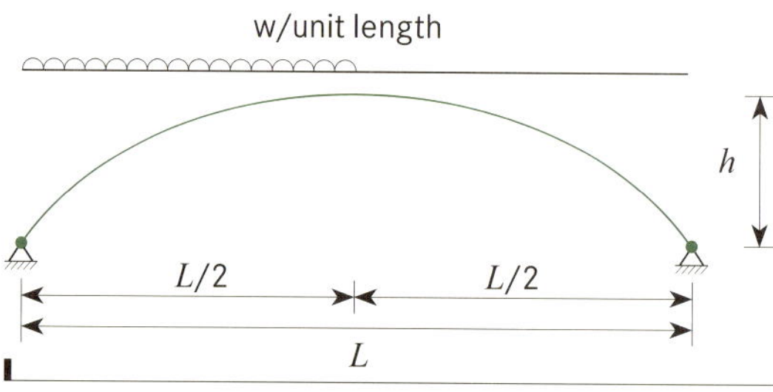

【그림 6.5】 경간 절반에만 부분재하된 포물선 아치

경간 절반에 걸쳐 재하된 등분포하중 (w / 단위길이)은 그림 6.6과 같이 경간 전체에 재하된 절반크기의 등분포하중 ((w / 2) / 단위길이) 과 상하향 비대칭 절반크기 등분포하중의 조합으로 나타낼 수 있다. 이러한 방식으로 작용하중을 고려함으로써 초기 단면크기를 산정하기 위한 근사축하중과 휨모멘트를 계산할 수 있다.

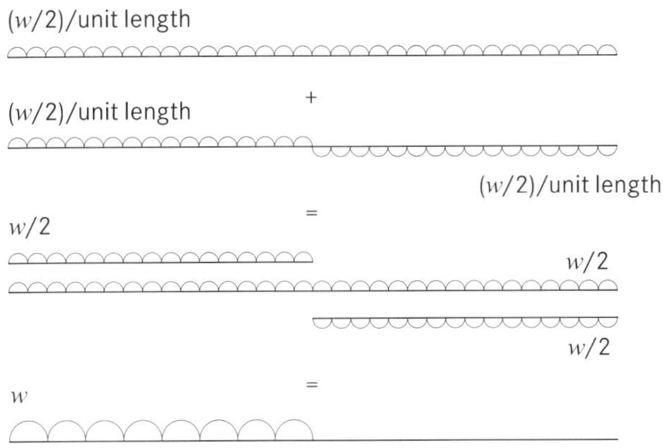

【그림 6.6】 경간의 절반에만 재하된 등분포 하중

아치 내의 압축력은 전체하중에 의해 발생한다. 단순보에 발생하는 휨 모멘트는 그림 6.7에 나타나 있다.

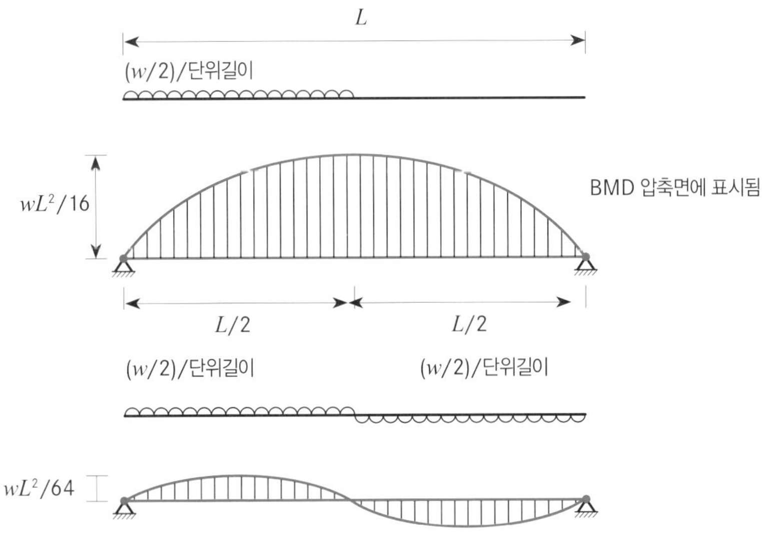

【그림 6.7】 휨 모멘트도

그러므로 아치 내 압축력의 수평성분 F_H는 근사적으로 다음과 같이 나타낼 수 있다.

$$F_H \approx \frac{\text{단순보의 경간중앙의 휨모멘트}}{\text{아치 경간중앙에서의 높이}} = \frac{\left(\dfrac{wL^2}{16}\right)}{h} = \frac{wL^2}{16\,h}$$

아치 내의 휨모멘트는 그림 6.7에 나타낸 바와 같이 하중의 비대칭 성분에 의해 발생한 휨 모멘트와 비슷하다. 이는 1/4지점에서 최대가 된다.

$$\text{그러므로 휨모멘트 M} \approx \frac{\left(\dfrac{w}{2}\right)\left(\dfrac{L}{2}\right)}{8} = \frac{wL^2}{64}$$

가장 불리한 휨은 정확히 경간 절반이 아닌 부분 하중 재하에 의해 발생할 것으로 판단되나, 이러한 부분 하중 재하에 의해 아치에서 상당한 휨모멘트가 발생하며, 하중의 분배와 아치의 기하학적 형태에 의존하게 된다.

풍하중에 의한 최대 휨

바람이 아치의 경간방향으로 불 때 아치의 풍하중은 비대칭이 된다. 풍압력에 대한 다이어그램은 그림 6.8과 같다.

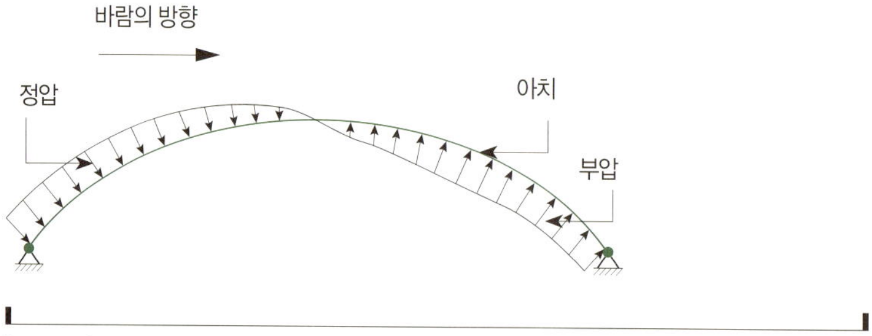

【그림 6.8】 풍압력 다이어그램

정압에서 부압으로 전환되는 지점이 확실하게 나타나지 않으므로 정밀한 설계에서는 그림 6.9에 나타낸 조건을 포락하는 범위에서 하나 이상의 조건을 고려하여야 한다.

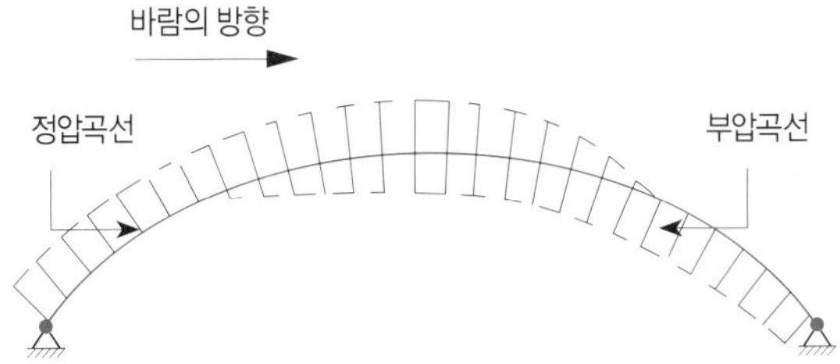

【그림 6.9】 풍압력의 포락선

휨모멘트의 크기를 산정하기 위한 지침으로서 정압과 부압이 같은 하중조건을 그림 6.10에 나타내었다.

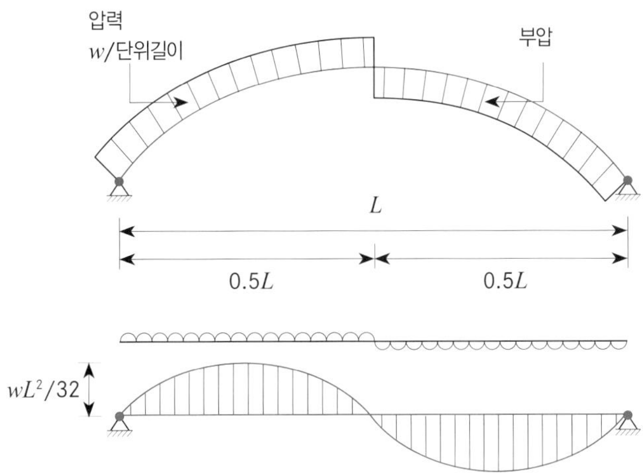

【그림 6.10】 일방향 풍하중에 의해 발생하는 근사 휨모멘트

아치의 경간 길이는 L로 표시하면 휨 모멘트의 근사값은 다음과 같다.

$$M = \frac{W\left(\dfrac{L^2}{2}\right)}{8} = \frac{wL^2}{32}$$

6.3 설계항복강도

6.3.1 일반

부재가 수직으로 만곡되었을 때 플랜지의 면외 휨모멘트(5.3절 참조)는 저감된 설계강도 p_{yd}를 계산하여 확인할 수 있다. 이 저감 설계강도는 I형강의 M_{cx}나

P_{cx} 의 계산이나 강관의 저항력 계산 시 전반적으로 사용된다. p_{yd}는 대부분의 (보수적인)검토에 사용할 수 있지만, 이 저감된 값을 사용해야 할 경우를 표 6.1에 요약하여 제시하였다.

[표 6.1] 수직곡선부재에서 저항력 계산시 사용되는 설계강도

	수직곡선부재	
저항력	I 형 단면	중공단면
M_{cx}	p_{yd}	p_{yd}
P_{cx}	p_{yd}	p_{yd}
M_{cy}	p_y*	p_{yd}
P_{cy}	p_y	p_{yd}
M_b	p_y	p_{yd}

p_y: BS5950-1 의 3.1.1항에 정의된 설계 강도

p_{yd}: 아래 6.3.2절에서 제시한 저감 설계강도 값

*p_y가 단축의 단면저항력 계산에 사용될 경우 저항력은 탄성력 $p_y Z_y$ 로 제한되어야 한다. 소성계수 S_y 는 저감 설계응력 p_{yd} 를 동반할 때에만 사용될 수 있다.

6.3.2 수직 곡선 I형강의 감소 설계강도의 계산

곡선 I형강에 하중이 가해지면 5.3절에서 기술한 바와 같이 플랜지에 면외 휨응력이 발생된다. 이러한 면외 휨응력이 인장력일 경우 단면의 유효항복점을 낮추기 위해 길이방향 압축응력과 결합된다. 이를 설명하기 위해서는 저감 설계강도 p_{yd} 를 반드시 계산하여야 한다. 그 절차는 다음과 같다:

i. 5.3절에서 설명한 면외 휨응력 σ_2 를 계산한다. (식 5.1)
ii. 다음 식으로부터 저감 설계강도 p_{yd} 를 계산한다.

$$p_{yd} = \left[P_y^2 - 3\left(\frac{\sigma_2}{2}\right)^2 - 3\tau^2 \right]^{0.5} + \frac{\sigma_2}{2}$$

여기서:

σ_2 면외 휨응력. p_y가 양수일 경우 설계강도의 최대 저감치를 계산하기 위해 σ_2는 음수가 되어야 한다.

τ 전단응력과 동시에 발생한다. 대부분의 경우 플랜지의 전단응력이 작기 때문에 무시될 수 있다. 또한 이 방법은 보수적으로 플랜지 한쪽 면에서 발생하는 부재 길이방향 수직압축응력과 면외 인장 휨응력의 조합만을 고려한다. 플랜지 반대쪽 면에서

는 이 방법에서 무시되는 수직압축응력과 면외 압축 휨응력의 일부 보정된 조합이 발생한다.

위의 공식은 von Mises 공식으로부터 유도되었다.

$$\sigma_0^{2} = \sigma_1^{\,2} + \sigma_2^{\,2} - \sigma_1 \sigma_2 + 3\tau^2$$

von Mises 공식:

$$p_{\mathrm{y}}^{\,2} = p_{\mathrm{yd}}^{\,2} + \sigma_2^{\,2} - p_{\mathrm{yd}}\sigma_2 + 3\tau^2$$

6.3.3 강관

모든 저항력은 6.3절에서 기술된 방법으로 얻은 저감 설계항복점 p_{yd}를 이용하여 계산하여야 한다. 저감 설계강도를 계산하는 과정에서 면외 휨응력 σ_2는 5.3절의 식 5.2를 이용하여 계산한다.

6.4 축방향 압축력

6.4.1 일반사항

설계를 단순화하기 위해서는 곡선부재 설계에도 직선부재와 같은 프로세스를 사용하는 것이 바람직하다. 다음 절에서 유효길이와 설계강도에 대한 지침을 제시한다.

6.4.2 평면상에서의 유효길이

평면상에서 좌굴에 대한 유효길이는 DIN 18 800 Part 2를 참조하여 나타낸 그림 6.11에서 6.14를 통해 얻을 수 있다. 네 가지 형태의 아치를 볼 수 있는데 각 그림온 유효길이 요소인 $h:l$ (아치 높이:스팬) 과 유효좌굴길이 계수 β의 관계를 나타낸다. 모든 경우 유효길이는 교대로부터 아치 정점까시의 길이(그림에서 s로 표시)이며 β에 의해 증가된다.

각 그림은 두 가지 형태 아치의 유효길이를 나타낸다.

· 원형 (K_r곡선)

· 포물선 (P_a곡선)

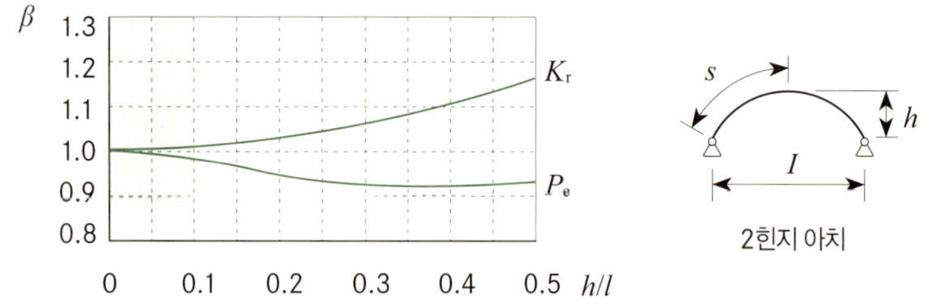

【그림 6.11】 2힌지 아치

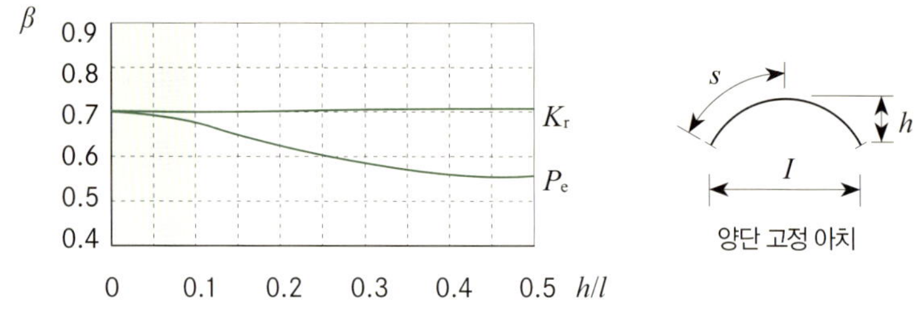

【그림 6.12】 양단 고정 아치

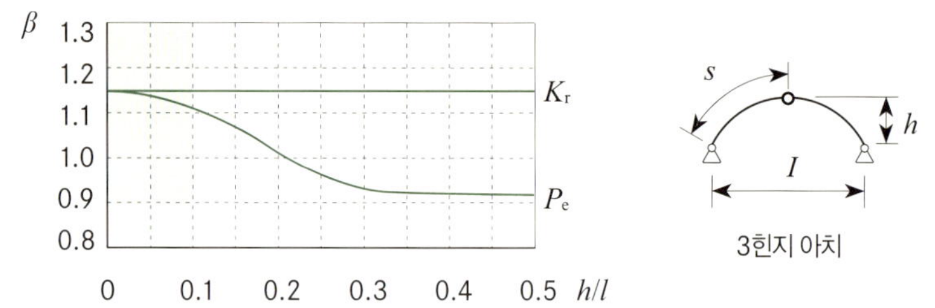

【그림 6.13】 3힌지 아치

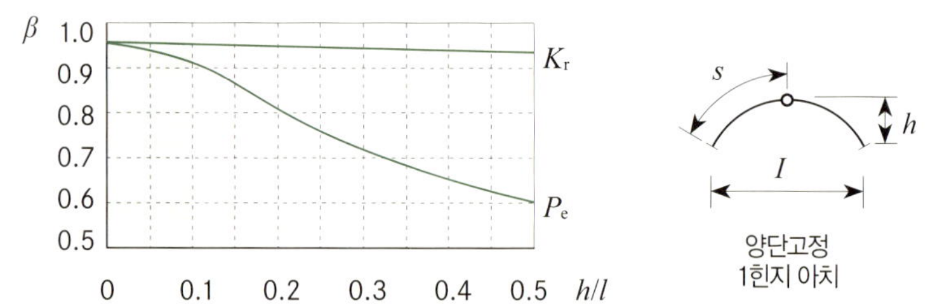

【그림 6.14】 양단고정 1힌지 아치

위 그래프는 지지대의 벌어짐이 없음을 전제로 한 것이다. 이는 특히 지지대의 벌어짐이 곧바로 아치의 붕괴로 이어질 수 있는 높이:스팬비가 낮은 아치에서는 핵심 전제이다. 이러한 이유로 각 그림에서 높이스팬비가 0.1보다 작은 구역을 회색으로 표시하였다. 설계자들은 이 구역에 속하는 아치 설계에서는 설계자는 6.2.1절에서 설명한 영향에 대하여 더욱 세심한 주의를 기울일 필요가 있다.

그림 6.11에서 높이스팬비를 0.4라고 하면 원형 아치의 유효길이는 1.1 × (지지대로부터 정점까지의 길이)이다.

유사한 방법으로 그림 6.12에서는 아치 형태와 높이스팬비가 같다면 유효길이는 0.7 × (지지대로부터 정점까지의 직선 길이)이다.

완전 고정이나 완전 핀 접합되지 않은 일반 건축물에서 양 단부 사이의 유효길이는 1.0 × (지지대로부터 정점까지의 길이)를 사용할 것을 권장한다. 이러한 경우 지지대의 현저한 수평이동이 없음을 전제한다.

교대에서 정점까지 이어지는 연속 아치의 유효거리에 대한 근거는 그림 6.15에 나타나 있다. 지지대의 현저한 수평이동이 없는 아치에서는 한 점에서 내부방향의 좌굴은 다른 점에서 외부방향의 좌굴이 일어나야만 가능하다. 이러한 비대칭 좌굴 형태를 그림 6.15에 나타내었다.

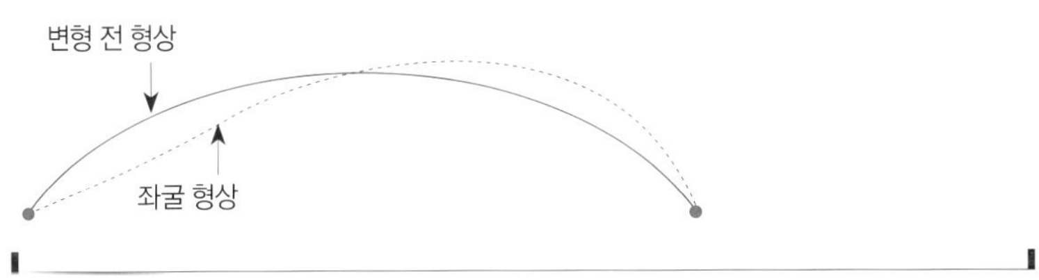

【그림 6.15】 연속 아치의 좌굴형상

그림 6.11 – 6.14는 지지대의 수평이동을 전제하지 않기 때문에 지지대이 수평이동이 현저한 경우에는 적용할 수 없다. 지지대가 수평이동함에 따라 아치의 평탄화가 심해지면 유효길이는 아치의 전체길이에 가까워지므로 유효길이가 커지게 된다.

휨모멘트도나 처짐곡선의 변곡점 거리에 기초하여 유효 좌굴길이를 계산하는 것은 적절하지 않다. 휨모멘트도나 처짐곡선이 반드시 좌굴모드(여기서는 유효길이)를 제시하는 것은 아니다.

6.4.3 면외 유효좌굴

면외 좌굴의 유효길이는 일반적으로 직선부재에서 사용하는 방법으로 산정할 수도 있지만 곡선길이를 사용한다. 일반적으로 유효길이는 다음과 같이 주어진다:

1.0 × (양 플래지 고정점 간 길이)

6.4.4 웨브면 방향 곡선 I형강의 설계압축강도

웨브면에서의 좌굴(강축 좌굴)

웨브평면방향의 좌굴에 대한 설계압축강도 p_{cx}는 직선부재의 p_c 를 사용할 수도 있지만 6.3.2절의 6.1식에 주어진 저감된 설계강도 p_{yd}를 이용한다.

플랜지면에서의 좌굴(약축 좌굴)

플랜지면 방향 좌굴에 대한 설계압축강도 p_{cy} 는 설계강도를 저감시키지 않은 직선부재의 설계강도 p_c 를 사용할 수 있다.

6.5 휨

6.5.1 수직 곡선 I형강의 단면내력

강축 방향의 단면내력을 구하기 위해서는 6.3.2절에서 기술한 바와 같이 면외 휨응력에 대해 설계강도를 저감시켜야 한다.

약축의 단면내력이 1차 항복내력에 기초하여 계산될 경우 ($M_{cy} = p_y Z_y$), 플랜지 모서리 단부(탄성성능의 임계점)에서의 면외 휨응력은 0이므로 설계 강도는 p_y를 사용한다.

약축의 단면내력이 소성내력을 이용하여 계산될 경우 ($M_{cy} = p_{yd} S_y$), 소성성능은 면외 휨응력의 영향을 받는 단면의 항복에 의존하므로 설계 강도는 p_{yd} 를 사용하여야 한다.

6.5.2 수직 곡선 I형강의 좌굴내력

횡비틀림좌굴에 대한 직선부재의 내력은 BS 5950-1의 4.3절에 M_b로 주어져 있다. 곡면이 부재의 안정성(횡비틀림좌굴 내력)에 영향을 주기 때문에 수직 곡선 보에서는 수정된 방법을 사용하여야 한다. 수정된 방법의 유도과정은 부록A에 주어져 있으며, 설계법은 6.5.3절에 기술되어 있다.

그림 6.16과 같이 볼록한 방향의 플랜지가 압축을 받아 모멘트를 전달하는 수직 곡선보는 직선 부재보다 불안정하다. 반대로 그림 6.17과 같이 오목한 방향의 플랜지가 압축을 받아 모멘트를 전달하는 보는 직선부재보다 안정적이다. 그러나 후자의 내력을 직선부재의 경우보다 크게 산정하지 않기를 권장하며, 그 이유는 부록 A.1에서 설명하였다.

설계강도

횡비틀림좌굴은 횡방향 휨에 의한 플랜지 모서리 단부의 항복 개시에 지배된다. 5.3절에서 설명하였듯이 면외방향 휨에 의한 플랜지 모서리 단부의 응력은 0이다. 그러므로 좌굴강도 p_b는 면외 휨응력을 허용하기 위해 저감시킬 필요는 없다.

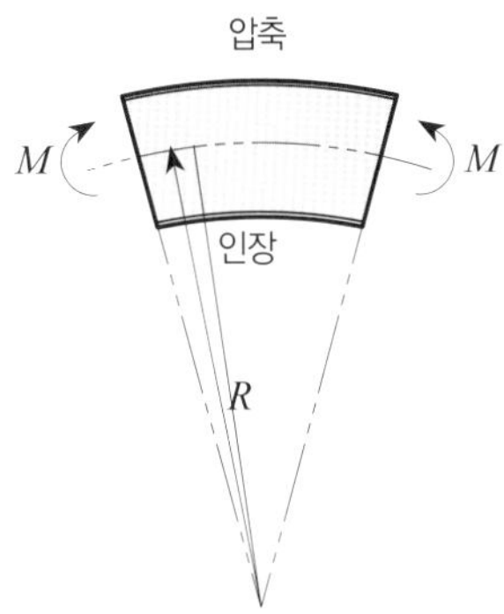

【그림 6.16】 볼록한 방향의 플랜지가 압축을 받는 경우 – 직선부재의 경우보다 불안정함

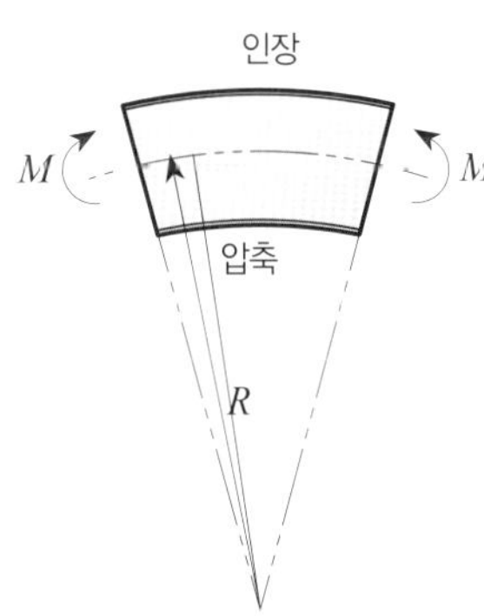

【그림 6.17】 오목한 방향의 플랜지가 압축을 받는 경우 – 직선부재의 경우보다 안정

6.5.3 수정 횡비틀림 좌굴 내력

BS 5950-1에서는 하중재하 전의 부재를 직선으로 가정한다. 이 기준을 곡선부재에서 사용하기 위해서는 저항력 계산의 정확도를 위해 λ_{LT}의 값을 수정하여

야 한다. λ_{LT}의 수정 값은 p_b와 M_b의 계산을 위해 BS 5950-1의 4.3.6.5 절을 참조하였다.

볼록한 방향의 플랜지가 압축을 받는 곡선부재에서 부재의 모든 분할요소들은 BS 5950-1에서 제시된 λ_{LT}를 그대로 이용할 경우 부재 내력을 과대평가할 수 있으므로 λ_{LT}의 수정치를 사용하여야 한다.

오목한 방향의 플랜지가 압축을 받는 곡선부재에서는 부재를 직선과 같이 설계하는 것이 바람직하다.

볼록한 방향의 플랜지가 압축을 받는 곡선부재에서는 BS 5950-1의 4.3.6.5 절의 수정값 λ_{LT}를 다음 식으로 계산한다.

$$\lambda_{LT} = \sqrt{\left(\frac{M_{cx}\pi^2 E}{M_E\, p_y}\right)} \tag{6.2}$$

여기서:

M_{cx} 낮은 전단력 하에서의 단면의 모멘트 능력이며, BS 5950-1의 4.2.5.2절에서 참조.

p_y BS 5950-1의 4.1.3절에서 참조한 설계강도.

M_E 곡선부재의 탄성임계좌굴 모멘트이며, 다음 식을 이용하여 계산한다:

$$M_E = \frac{-\dfrac{c}{R} \quad \sqrt{\left[\left(\dfrac{c}{R}\right)^2 + 4\left(\dfrac{\pi^2}{L^2} - \dfrac{1}{R^2}\right) ab\right]}}{2} \tag{6.3}$$

여기서:

$a = E\,I_y$

$b = GJ + \pi^2 EH / L^2$

$c = a + b$

R: 하중재하시 부재 중립축의 반경. 볼록한 방향의 플랜지가 압축을 받을 때 양수이다.

여기서:

E	강재의 탄성계수 (205000 N/mm^2)
I_y	약축방향의 2차 단면모멘트
G	전단계수 = $\dfrac{E}{2(1+\upsilon)}$
J	단면의 비틀림 상수
H	단면의 뒤틀림 상수
L	비틀림 지지대간 거리
υ	포아송 비 (0.30)

하중이 작용하면 반경이 변하지만 곡률이 큰 부재에서는 M_E의 영향이 작기 때문에 대부분의 경우 무시할 수 있다. 그러므로 R은 응력을 받지 않았을 때의 곡률반경이다. 바깥쪽 플랜지가 압축을 받는 경우 응력이 부재를 직선화하는 역할을 하게 되며, 안정성이 증가된다. 그러므로 R은 언제나 응력을 받지 않았을 때의 곡률반경으로 간주할 수 있다.

6.6 축하중과 휨의 조합

6.6.1 단면성능

모멘트를 받는 인장부재의 단면성능은 BS 5950-1의 4.8.2의 기준에 의해 평가할 수 있다. 모멘트를 받는 압축부재의 단면력은 BS 5950-1의 4.8.3.2의 기준에 의해 평가할 수 있다. M_{cx}와 M_{cy}의 값은 표 6.1에 따라서 수정되어야 한다.

6.6.2 부재의 좌굴 내력

부재의 좌굴내력은 BS 5950-1의 4.8.3.3.1절의 단순식을 이용하여 평가할 수 있으나, 표 6.1에 따라 수정된 P_{cx} 와 P_{cy}, M_b 를 이용하여야 한다.

CHAPTER 07

곡선서까래를 가지는 문형 프레임

7.1 일반사항

곡선 서까래를 사용한 문형 프레임의 건축물이 지속적으로 건설되고 있다. 곡선 서까래를 사용하는 이유는 외관의 아름다움과 시공의 간편함 때문이다. 시트 설치를 위한 용마루 상세와 서까래에서 용마루 결합이 필요없기 때문에 시공이 간편하다. 일반적으로 곡선 서까래에는 형강(I형강, H형강)을 사용한다.

곡선공정을 거친 부재의 양단에 미소한 직선부가 남는다. 완전한 곡선부재가 필요한 경우에는 이 직선부를 제거하여야 한다. 그러나 경제성 확보를 위해 이 직선부를 제거할 필요는 없다. 이로써 부재 단부의 불필요한 손실과 추가적인 절단작업을 방지할 수 있다. 실제로 서까래 단부에서의 곡률의 영향은 측정하기 어렵기 때문에 이 부분을 제거할 필요성은 없다. 헌치를 설치할 때는 직선부가 헌치 조립을 쉽게 하기도 한다.

직선길이의 크기는 부재크기와 곡률의 정도에 의존한다. 직선부를 활용하려는 설계자들은 부록 B에 수록된 전문가들과 협의를 통해 더 많은 정보를 얻기를 바란다.

7.2 문형 프레임 분석

탄성해석법을 이용한 설계는 문형 프레임 외에도 곡선부재를 이용한 모든 구조물에 이용할 수 있다. 탄성 설계된 구조의 부재력 산정에 대해서는 6장에서 기술하였다. 소성해석은 보통 직선부재를 이용한 문형 프레임에 이용할 수 있으며 곡선 서까래를 사용한 문형 프레임 해석에서는 제한적으로 사용할 수 있다.

7.3 소성설계

소성해석을 이용하여 곡선 서까래를 사용한 문형 프레임을 해석할 경우, 직선부재를 사용한 프레임과는 다음과 같은 차이가 있음을 고려해야 하며, 필요에 따라 이를 설명하여야 한다.

· 소성힌지의 회전
· 소성힌지 주변의 안정성

다음의 지침은 작은 곡률을 가지는 문형 프레임에 관한 것이다. 이 문형 프레임의 지붕경사는 10° 이하로써 등가의 직선 프레임으로 치환할 수 있다.

7.3.1 소성힌지의 회전

5.4.1절에서 설명한 바와 같이 곡선공정을 거치면서 부재의 연성이 일부 소실된다. 작은 곡률에서는 변형률이 작으며, 경험적으로 재료 성질의 변화가 무시될 수 있을 정도로 작다고 간주한다. 5.4.1절에서는 세부검토가 필요한 경우 소성힌지의 회전을 최대 3°까지 제한하고 있다.

대부분의 프레임 설계에서 사용한계상태 설계(특히 기둥상부 처짐에 대한)는 부재단면의 증대를 가져오며 이는 극한한계상태(ULS)에서 프레임이 탄성상태에 머무는, 즉 소성힌지가 형성되지 않음을 의미한다. 따라서 극한한계상태에서 서까래 내부에 형성된 소성힌지를 고려할 필요가 없다. 이와 유사하게 서까래 내부에서 형성된 힌지가 메커니즘을 완성하는 마지막 힌지로 프레임이 설계될 때에는 회전에 대한 구속을 두어서는 안된다.

7.3.2 소성힌지 주변의 안정길이

소성힌지가 형성된 곡선부재의 안정길이에 "직선부재"의 기준 적용에 대한 적절성을 판단할 수 있는 실험결과는 아직 없다. 그러나 압축플랜지가 곡선의 내부(오목한 방향의 플랜지)에 있을 때 횡비틀림좌굴에 대한 단면의 안정성은 증가된다. 이는 그림 7.1의 서까래 곡면 헌치 설치부에서 발생할 소성 힌지의 횡비틀림좌굴 내력이 증가된다는 것을 의미한다. 이러한 효과에도 불구하고 곡선부재에서 소성힌지의 거동에 대한 실험결과가 부족하므로 안정길이를 직선부재의 경우보다 절대 크게 가정하지 않도록 권장한다.

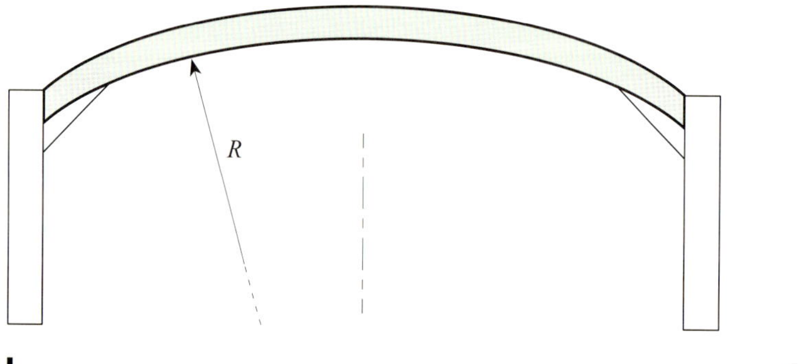

【그림 7.1】 곡선 서까래를 사용한 전형적 문형 프레임

내부플랜지가 압축을 받고 외부플랜지가 인장을 받는 상태에서 웨브에 작용하는 방사형 압축의 불안정 효과를 다룰 수 있는 단순식이 아직까지 제시되어 있지 않기 때문이다. 일반적인 곡률을 가지는 문형 프레임에서 압축력이 작더라

도 부재의 안정길이를 증가시키는 것은 위험하다. 또한 이러한 방사형 압축력은 BS 5950-1의 5.2.3.7절에 따른 강성의 필요성을 검토할 때 고려되어야 한다.

지붕재 정점 주변에서의 새깅(sagging) 휨 모멘트는 부재의 볼록한 면에 압축을 유발하여 부재내력을 감소시킨다. 휨 모멘트가 부재의 볼록한 면에 압축력을 발생시킬 때 소성힌지가 형성되지 않도록 설계할 것을 권장한다. 그러나 그림 7.1 구조물의 경우 정점에서의 소성힌지는 중력하중 하에서 마지막으로 형성되므로 회전에 대한 요구조건이 존재하지 않는다. 이러한 상태에서의 요구조건은 단순히 작용모멘트보다 저감된 부재내력이 커야 한다는 것이다.

일반적으로 극한한계상태에서 휨 모멘트가 볼록한 면에서 압축력을 발생시키는 경우에는 소성힌지의 회전을 허용하지 않는다.

그림 7.2에 나타난 형태의 곡선 서까래가 가끔 사용되기도 한다. 프레임의 처마에서의 호깅(hogging) 휨 모멘트는 플랜지 내부의 볼록한 플랜지에 압축력을 발생시킨다. 이러한 경우 횡비틀림좌굴 내력이 감소된다. 이러한 상황에서 BS 5950-1에서 제시한 직선부재 안정길이의 평가는 보수적이지는 않으며 처마 부분에서의 소성힌지는 발생하지 않는다.

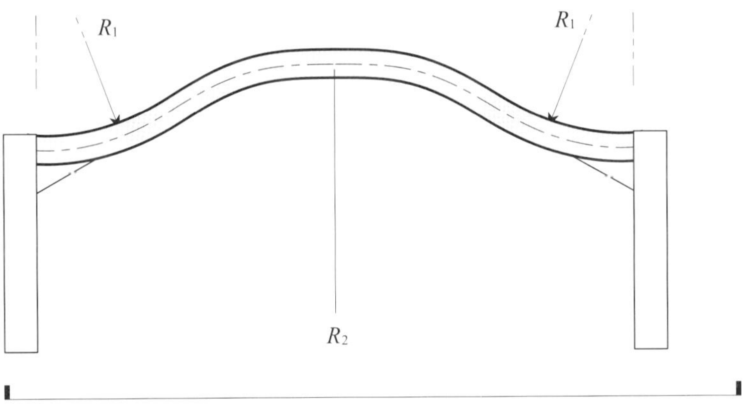

【그림 7.2】 이중 곡선 서까래 – 극한한계설계시 소성힌지가 서까래에 발생하지 않도록 함

그림 7.2에 나타낸 형태의 구조물에서, 극한한계상태에 도달하기 전에 모든 소성힌지가 기둥에서 발생하도록 서까래와 지붕의 상대크기를 결정하거나 프레임을 완전히 탄성설계함으로써 서까래의 소성힌지 발생을 방지할 수 있다.

7.3.3 유한요소해석의 사용

유한요소해석은 곡선부재의 횡비틀림좌굴 내력을 지나치게 과대평가할 수 있다. 그러므로 유한요소해석은 문제에 대한 배경연구와 해석결과에 대한 교정이 충분히 이루어진 후에 사용해야 한다.

CHAPTER 08

수평 곡선부재

8.1 수평 곡선부재의 거동

수평 곡선부재는 비정상적인 하중의 영향을 받으며, 만족스러운 성능을 발휘하기 위해 신중한 설계와 상세가 요구된다. 해석 시 모든 평면에 대하여 실제지지 조건을 모델링하는 것이 특히 중요하다. 일반적으로 수평 곡선부재의 지점은 그 자체로 고정보로서 거동하는 부재와 함께 수직면에 고정되어 있다. 수직하중은 지점을 잇는 직선에 편심하중으로 작용하여 부재에 비틀림을 발생시킨다. 단부 접합부는 상당한 휨모멘트와 처짐을 유발할 수 있는 비틀림에 저항할 수 있는 상세를 가지거나 회전에 대해 구속이 되지 않도록 설계되어야 한다. I형강은 주로 플랜지의 수평방향 휨내력에 의존하는 뒤틀림 강성에 의해 비틀림에 저항한다 (5.5.4절 참조). 그러므로 수평평면에서의 지지조건이 중요하다. 설계에서 완전 일체화된 지지대로 설계하였더라도 구조물의 실제 처짐은 단부 접합부의 미끄러짐과 비틀림에 의해 훨씬 증가될 수 있다.

8.2 단면형태의 선택

수평 곡선부재의 경우 비틀림 강성이 크고 횡비틀림 좌굴에 민감하지 않은 구조 중공단면이나 박스형 단면을 사용하는 것이 가장 간편하다. 나아가 아래의 지침은 설계자들에게 부재 선택에서의 문제를 최소화하는 데 도움을 줄 수 있다.

[표 8.1] 단면 형태의 선택

하중	곡률	단면형태
가벼움	작음	중공단면 또는 I 형 단면
가벼움	큼	중공단면 또는 두꺼운 I 형 단면
무거움	작음	중공단면 또는 두꺼운 I 형 단면
무거움	큼	중공단면

비틀림 내력에 대해서는 I형강 중에서는 Universal Column이 가장 효율적이며 강관 중에서는 각형강관이 가장 효율적이다.

8.3 해석과 실제간의 오차

대부분의 해석에서는 5.5.4절에 기술한 바와 같이 뒤틀림 강성을 고려하지 않고 간단한 선요소들로 가정한다. 그러므로 해석에서는 뒤틀림 구속을 무시하고 비틀림에 의해서만 작용하는 모든 회전력을 다루게 된다. 결과적으로 비틀림 응력은 과대평가되며 직접응력은 과소평가된다.

비틀림에 강한 부재(예를 들어 중공단면과 박스형단면)에서는 해석과 실제 간의 오차가 비교적 작을 수 있다. 그러나 비틀림 강성이 작은 부재(예를 들어 I형 단면 혹은 "개단면")에서는 해석과 실제 간의 오차는 상당히 커지고 부재 최단부에서의 길이방향 응력은 과소평가될 것이다. 횡비틀림좌굴 하에서 I형강의 압축 플랜지의 모서리가 항복할 때 파괴가 발생한다. 뒤틀림응력이 무시되었다면 부재는 예상보다 더 일찍 항복할 것이다.

비틀림 강성의 초기 설정값이 무한대로 설정된 해석 프로그램의 경우, 부재 특성에서 비틀림 강성값을 설정하는 것이 매우 중요하다.

8.4 사용한계상태

5.2.3절에서 설명한 바와 같이 수평 곡선을 가진 I형강은냉간공정으로 제조되었을 경우 $0.5p_y$의 높은 잔류응력을 가진다. 이러한 이유로 사용한계상태의 응력이 $0.5p_y$를 초과하지 않게 하여 작용하중에서 항복이 발생하지 않도록 하는 것이 좋다. 작용하중 하에서의 항복은 계산값보다 더 큰 처짐을 유발하며 보에 손상을 줄 수 있다.

정확한 처짐값이 필요할 경우 8.5절에 기술한 곡선부재모델을 사용하는 것이 바람직하다.

8.5 뒤틀림응력의 효과산정

8.5.1 일반사항

중공단면은 I형강에 비해 비교적 높은 비틀림 강성을 가진다. 대부분의 중공단면은 비틀림 강성이 매우 크기 때문에 뒤틀림응력을 계산할 필요가 없고 단면성능은 8.5.2절에 의해 구할 수 있다.

수평 곡선을 가지는 다른 단면형태의 보는 뒤틀림 효과에 대한 모든 내력을 검증하여야 한다. 내력 검증을 위해서는 다음의 방법을 이용한다.

- 8.5.3절에 기술된 보다 상세한 보 모델을 사용하거나
- 8.5.4절에 기술된 뒤틀림응력을 계산하거나
- 상세 유한요소해석법을 이용한다.

상세 유한요소해석법은 건축 구조물에서 실용적, 통상적으로 적합한 방법이라고는 할 수 없다.

8.5.2 중공단면

주축 휨은 그림 8.1에서의 방사형 힘 *w*을 유도한다. 중공단면은 그림 8.1의 T로 표시된 비틀림에 의해 발생하는 방사형 힘과 평형을 유지하기에 충분한 비틀림 강성을 가진다.

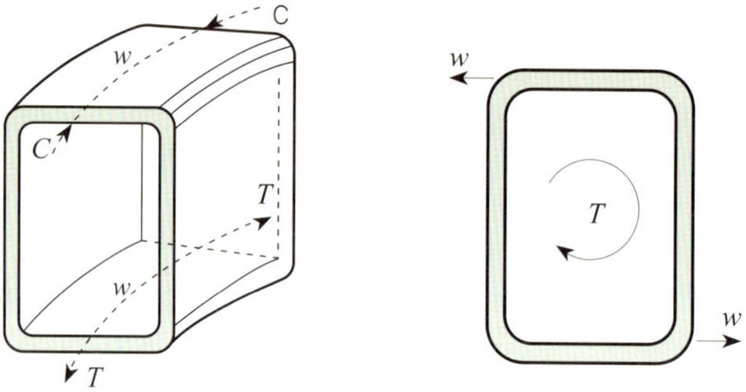

【그림 8.1】 중공단면 부재의 힘의 평형상태

중공단면의 비틀림 강성은 단면의 비틀림을 거의 무시할 정도로 감소시킨다. 이는 뒤틀림변형과 뒤틀림응력이 매우 작음을 의미한다.

높이-폭 비가 2를 초과하지 않는 중공단면에서 뒤틀림응력으로 인한 직접응력의 증가는 일반적으로 2%이하이므로 다음의 경우에 무시할 수 있다.

· 휨 성능이 탄성 단면성능으로 제한되고
· 전단력에 의해 발생한 전단응력과 비틀림 응력의 영향을 von Mises 관계식으로 적절히 설명할 수 있을 경우: $\sigma_1^2 + \sigma_2^2 - \sigma_1\sigma_2 + 3\tau^2 \leq p_y^2$

여기서:

σ_1	부재방향으로의 직접응력
σ_2	외부 작용하중으로 인해 발생한 면외응력. 예를 들어 면외응력은 단면 웨브에 휨응력을 발생시키는 부재의 표면이나 플랜지에서의 점하중에 의해 발생한다. 곡률에 의한 면외응력은 5.3절에 설명한 바와 같이 표준 수평 곡선부재 설계시 무시될 수 있다.
τ	전단력에 의한 전단응력과 비틀림에 의한 전단응력을 합한 총 전단응력

대부분의 경우 큰 면외응력이 없다면 von Mises 방정식은 다음과 같이 쓸 수 있다:

$$\sigma_1^2 + 3\tau^2 \le p_y^2$$

너비에 비해 높이가 비교적 높은 부재에서는 뒤틀림응력이 커지게 된다. 높이-폭 비가 2를 초과하지 않는 각형강관에서는 설계응력을 낮게 정하거나 8.5.3절과 8.5.4절에서 기술된 방법으로 뒤틀림응력의 영향을 고려하고 허용할 것을 권장한다. 중공단면에 8.5.3절의 방법을 사용할 경우 8.5.4절의 방법을 사용하였을 때보다 덜 보수적인 결과를 얻을 것이다.

8.5.3 뒤틀림응력 산출을 위한 I형강 보의 모델

대부분의 해석에서는 뒤틀림강성을 고려하지 않은 선요소를 사용한다. 상하부 플랜지와 웨브의 선 요소로 구성된 개량모델을 구축할 수 있다. 웨브를 형성하는 "판" 요소를 지원하지 않은 프로그램에서는 웨브를 트러스의 웨브 요소(래티스보)로 모델링할 수 있다. 요소특성은 실제 보의 정확한 모델을 얻기 위해 신중히 선택하여야 한다. 이러한 직선 형태의 보 모델의 정확성이 충분한지를 확인하기 위해 단일 선 요소(혹은 전형적인 공식의 해법)를 이용하여 얻은 산출량과 비교하는 것이 바람직하다. 이러한 보의 "트러스"모델은 대부분의 선 요소 모델에서 특별히 요구하지 않는 한 보의 전단 탄력성을 무시하기 때문에 전단을 받는 부재에서는 큰 처짐을 발생시킨다.

부재가 트러스(래티스)로 모델링된 경우 성분의 특성은 아래와 같다.

플랜시 요소 (상하 플랜지)

면적 = 실제 보의 플랜지 면적(가장 간단한 산정)
I_y = 실제 보 I_y의 ½
I_x = 작음, 실제 보에서의 I_x 의 0.1배 정도
J = 실제 보에서의 J 의 ½

위 특성은 웨브의 수직강성을 무시한 것이다. 그러므로 실제 보의 면적과 단면계수는 과소평가된다. 약간의 면적을 추가함으로써 이를 수정할 수 있지만 강성의 영향을 검토하여야 한다.

좀 더 나은 근사값을 찾기 위해서는 다음식을 이용한다.

플랜지 면적 = Z / h

여기서:

Z	탄성 계수
h	컴퓨터 모델에서 플랜지간 높이

각 플랜지 모델의 I_x 는 플랜지 면적에 단면증가가 유효 단면 2차 모멘트에 추가되기 때문에 이는 부재 강성이 과대평가될 수 있다는 점에 주의해야 한다.

웨브요소

면적 = 큼	플랜지 면적과 같은 차원을 가지는 웨브 면적은 합리적인 값을 가진다. 일반적으로 보의 전단 탄력성은 무시되므로 그 영향이 매우 클 경우 일반 보를 교정하여 검토하여야 한다.

$I_y = 0$

$I_x = 0$

$J = 0$

트러스 옵션은 플랜지 요소를 포함하며 모든 요소에 핀접합부를 사용한다. 그러나 수평 곡선보 모델의 거동을 적절하게 평가할 수 없으므로 "트러스"모델은 트러스 옵션 대신 3차원 프레임 옵션을 이용할 것을 권장한다.

8.5.4 선 요소 산출량으로부터 뒤틀림응력의 계산

I형강의 뒤틀림응력에 대한 보수적인 근사값은 아래와 같이 계산할 수 있다.

1단계. 등가 플랜지 힘을 구한다. 그림 8.2.

$$F = \frac{M}{D - T}$$

일반적으로 등가 플랜지력 F 는 부재의 길이에 따라 달라진다

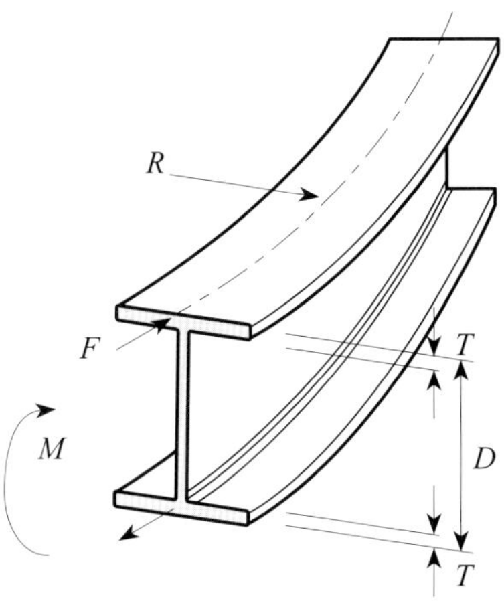

【그림 8.2】 등가 플랜지 힘

2단계. 그림 8.3에 나타난 바와 같이 등가 플랜지력의 방사형 성분 w_R을 계산한다.

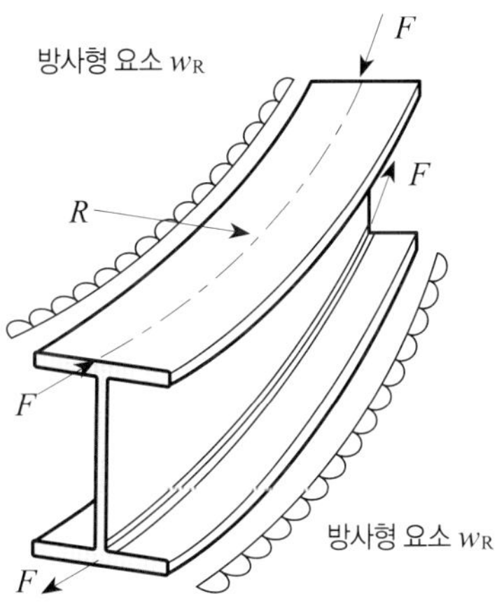

【그림 8.3】 플랜지 힘의 방사형 성분

여기서

$$w_R = \frac{F}{R}$$

3단계. 방사형 하중 w_R을 부재 길이에 따라 플랜지에 적용시켜 플랜지의 수평 휨모멘트도를 구한다. 일반적으로 지지조건은 수평 회전에 자유로워야 한다. 이러한 모멘트는 뒤틀림응력의 보수적인 근사값을 준다.

그림 8.4는 반원형 보의 압축 플랜지 내의 수평 휨모멘트를 결정하기 위한 단계를 나타내고 있다.

4단계. 상하플랜지 간의 도심$(D-T)$거리와 축력 F 에 의해 유발된 부가 주축 휨모멘트 M 은 다음과 같다.

$$M = F(D-T)$$

이러한 부가 모멘트는 보수적으로 수직하중으로 인한 주축 모멘트에 추가되어야 한다.

한쪽 플랜지가 견고한 슬래브에 연결된 경우 슬래브는 상부 플랜지의 방사형 하중에 저항한다. 그러나 다른 쪽 플랜지는 구속점 사이에서 앞에서 설명한 바와 같이 검토할 필요가 있다.

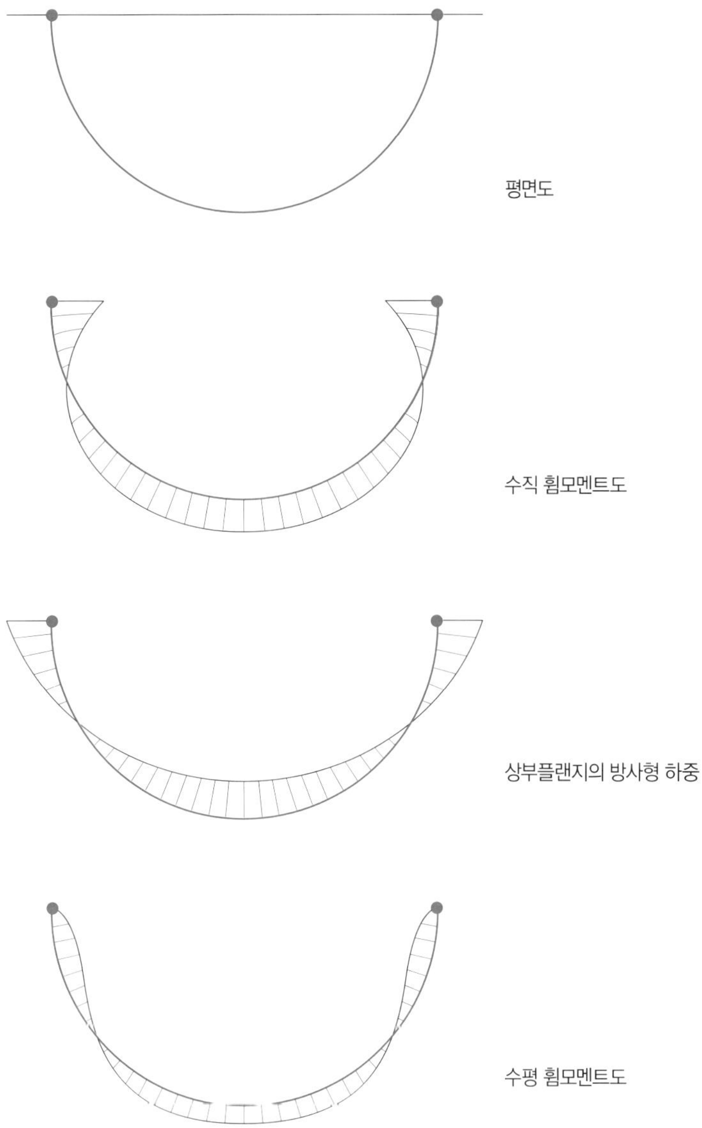

【그림 8.4】 반원형 수평부재 내에서의 대략적인 휨과 뒤틀림의 영향

8.6 단면분류

수평 곡선을 가진 I형강의 플랜지는 직선부재[5]보다 안정적이지 못하기 때문에 단면 분류시 요구사항이 더 까다롭다.

수평 곡선을 가진 I형강의 플랜지 폭두께비(b/T)는 8.5ε를 넘을 수 없다. 여기서 $\varepsilon = (275/p_y)^{0.5}$ 이다.

8.7 중공단면 부재의 내력 검토

8.7.1 일반사항

중공단면 부재가 수평 곡선보로 사용될 경우 단면 크기는 주로 강도보다는 처짐 기준에 의해 결정된다. 이러한 이유로 탄성 모멘트 성능설계는 일반적으로 비용 상승에 미치는 영향이 없다.

소성설계는 광범위하게 소성이 발생됨에 따라 처짐이 증대되고 비틀림의 영향이 단면내력의 산정을 훨씬 더 어렵게 하기 때문에 수평 곡선부재에는 권장하지 않는다.

일반적으로 모멘트 성능은 다음 사항을 고려하여 탄성성능으로 제한하도록 권장한다.

- 처짐 감소.
- 주축 휨과 전단, 비틀림을 포함한 일반내력 계산의 단순화. 소성화 될 경우 계산이 매우 복잡해진다.

높이-폭 비가 2를 초과하지 않는 중공단면에서 내력은 8.7.2절에서 기술한 전단응력을 감안한 저감 내력과 함께 BS 5950-1 4.8절 “합성 모멘트와 축력을 받는 부재”의 단순식의 수정안을 이용하여 계산하기 바란다.

8.7.2 설계강도

일반적으로 최대 직접응력은 중공단면의 모서리에서 발생한다. 이러한 위치에서 전단력과 비틀림에 의해 발생한 전단응력은 그 최대값에 가깝다. 그러므로 전단응력의 영향은 저감된 설계강도 P_{yd}의 계산에 의해 고려할 수 있다.

$$p_{yd} = (p_y{}^2 - 3\tau^2)^{0.5}$$

여기서 τ는 전단력과 비틀림으로 인해 발생한 전단응력의 합이다. 전단응력은 BS5950-1의 4.2.3절의 전단력을 전단면적으로 나누어 구해진다. 비틀림에 의한 전단응력은 비틀림 힘을 비틀림 상수 C로 나누어 구해진다.

8.7.3 인장면의 성능

BS 5950-1 4.8.2.2절의 방정식은 아래와 같이 수정할 수 있다.

$$\frac{F_t}{P_t} + \frac{M_x}{M_{cx}} + \frac{M_y}{M_{cy}} \leq 1$$

여기서:

M_x	수직하중에 의한 모멘트
M_y	외력에 의한 약축 모멘트
F_t	외력에 의한 축 인장력
M_{cx}, M_{cy}	저감된 설계강도 p_{yd}와 Z_x, Z_y를 이용하여 계산한 단면의 모멘트 성능

8.7.4 압축면의 단면성능

BS 5950-1 4.8.3.2절의 방정식은 다음과 같이 수정할 수 있다:

일반적으로 4등급 단면을 제외하고

$$\frac{F_c}{A_g p_{yd}} + \frac{M_x}{M_{cx}} + \frac{M_y}{M_{cy}} \leq 1$$

여기서:

F_c	외력에 의한 축압축력

8.7.5 압축면 좌굴 내력

BS 5950-1 4.8.3.3.1의 방정식은 다음과 같이 수정할 수 있다:

$$\frac{F_c}{P_c} + \frac{m_x M_x}{p_{yd} Z_x} + \frac{m_y M_y}{p_y Z_y} \leq 1$$

$$\frac{F_c}{P_{cy}} + \frac{m_{LT} M_{LT}}{M_b} + \frac{m_y M_y}{p_y Z_y} \leq 1$$

여기서:

M_x와 M_{LT},	수직하중에 의한 휨모멘트
F_c	외력에 의한 축방향 압축력
M_b	BS 5950-1을 정확히 따르는(웨브 평면 방향 곡선의 M_E를 사

용하지 않는) 직선부재의 횡비틀림좌굴 내력. 그러나 탄성응력 분배를 위해 저감 설계강도 P_{yd}와 Z_x를 이용하여 산정한다.

M_y P_{cy}를 결정하는 분할요소 길이 L_y의 최대 약축 모멘트. M_y는 외력에 의해 발생하고, 외력이 작용하지 않을 때는 0이다.

8.8 I형강 내력 검토

8.8.1 일반사항

I형강이 수평 곡선보로 사용될 경우 그 크기는 주로 강도보다는 처짐 기준에 의해 결정된다. 따라서 탄성 모멘트 성능에 대한 설계는 일반적으로 비용 상승에 미치는 영향이 없다.

소성설계는 광범위한 소성의 발생이 처짐을 증대시키고 부재의 안정성을 감소시키기 때문에 수평 곡선부재에서는 권장하지 않는다.

일반적으로 모멘트 성능은 다음의 이유로 탄성성능으로 제한하도록 권장한다.

- 소성에 의한 좌굴영향 증가를 회피하기 위함
- 처짐 감소를 위함
- 강축의 휨과 약축 방향의 전단, 비틀림을 포함하는 일반적인 내력 산정을 단순화하기 위함. 소성화될 경우 내력산정이 매우 복잡해진다

내력은 BS 5950-1 4.8절 "모멘트와 축력의 조합력을 받는 부재" 단순식의 수정안을 통해 검토할 것을 권장한다. 수정안은 BS 5950-1이 직선부재에 적용된 경우와 같이 상하플랜지를 함께 고려한 것이 아니라 플랜지 각각의 약축 모멘트를 고려한 것이다. 이는 곡선부재의 뒤틀림 응력이 양 플랜지에서 서로 반대방향으로 작용하기 때문이다. 수정된 방정식은 8.8.2 ~ 8.8.4절에 제시되어 있다.

8.8.2 인장플랜지의 단면성능

BS 5950-1 4.8.2.2절의 방정식은 아래와 같이 수정된다:

$$\frac{F_t}{P_t} + \frac{M_x}{M_{cx}} + \frac{M_{ytf}}{M_{cytf}} \leq 1$$

여기서:

M_x 수직하중으로 인한 모멘트와 8.5.4절의 모멘트 $F(D-T)$ 의 합.

M_{ytf} 임계 위치에서의 인장 플랜지의 모멘트로서 8.5.4절에 기술된 바와 같이 외력에 의한 모멘트와 플랜지의 수평 휨에 의한 모멘트의 합이다.

M_{cytf} 약축에 대한 인장 플랜지의 모멘트 성능으로, I형강의 대칭성 때문에 $(M_{cy})/2$로 함.

8.8.3 압축 플랜지의 단면성능

BS 5950-1 4.8.3.2절의 방정식은 다음과 같이 수정할 수 있다:

일반적으로 4등급 단면을 제외하고:

$$\frac{F_c}{A_g p_y} + \frac{M_x}{M_{cx}} + \frac{M_{ycf}}{M_{cycf}} \leq 1$$

여기서:

M_x 수직하중으로 인한 모멘트와 8.5.4절의 모멘트 $F(D-T)$ 의 합.

M_{ycf} 임계 위치에서의 압축 플랜지의 모멘트로서 8.5.4절에 기술된 바와 같이 외력에 의한 모멘트와 플랜지의 수평 휨에 의한 모멘트의 합이다.

M_{cycf} 약축에 대한 압축 플랜지의 모멘트 성능으로, I형강의 대칭성 때문에 $(M_{cy})/2$ 로 함.

8.8.4 압축 플랜지 좌굴 내력

BS 5950-1:2000 4.8.3.3.1절의 방정식은 다음과 같이 수정할 수 있다:

$$\frac{F_c}{P_c} + \frac{m_x M_x}{p_y Z_x} + \frac{m_y M_{ycf}}{p_y Z_{ycf}} \leq 1$$

$$\frac{F_c}{P_{cy}} + \frac{m_{LT} M_{LT}}{M_b} + \frac{m_y M_{ycf}}{p_y Z_{ycf}} \leq 1$$

여기서:

M_x와 M_{LT}, 8.5.4절에 기술된 바와 같이 수직하중에 의한 휨 모멘트와 플랜지의 수평 휨에 의한 모멘트의 합계.

M_b BS 5950-1:2000를 따르는(웨브 평면 방향 곡선에 대한 M_E를 사용하지 않는) 직선 부재에 대한 수평방향 비틀림 저항 모멘트

M_{ycf} P_{cy}를 결정하는 분할요소 길이 L_y에서의 최대 약축 모멘트로서 8.5.4절에 기술된 바와 같이 외력에 의한 모멘트와 플랜지의 수평 휨에 의한 모멘트의 합.

Z_{ycf} 압축 플랜지의 단면계수로서 I형강의 대칭성 때문에 (M_{cy}) / 2로 함.

CHAPTER 09

사례연구

다음의 여섯 가지의 설계사례들은 다양한 곡선부재의 설계 절차에 관한 것이다. 본 사례들은 설계 요구사항의 전체를 설명하려는 것은 아니다. 실제로는 다른 하중조건들에 대하여 검토해야 하지만, 본 사례에서는 한 가지의 하중조건에만 기초한 계산 프로세스를 설명한다. 또한 설게상 사용한계상태 히에서 치짐에 대한 고려가 중요하더라도(혹은 아니더라도), 본 사례에서는 극한한계상태 설계만을 다룬다.

아래 제시된 표는 본 절의 예제 목차이며, 설계에서 고려된 부재의 구조적 형태와 주요 특징이 나타나 있다.

단원	페이지	구조 형식	주요 설계 요건
9.1	78	곡선지붕보	축력이 없는 곡선부재에서 저감된 M_b 를를 구하기 위한 λ_{LT}의 계산
9.2	86	3힌지 아치	면외 휨응력을 고려한 축하중과 모멘트의 조합력을 받는 부재의 설계
9.3	97	2힌지 격자 아치	곡선 트러스 부재의 모델링
9.4	103	문형 프레임 곡선 서까래	축하중과 모멘트를 받는
9.5	110	타원형 부재 곡선 I형강	축하중과 모멘트를 받는
9.6	117	곡선 발코니 부재	수평방향 곡선을 가지는 I형강과 강관
			뒤틀림에 의한 영향을 받는 I형강의 모델링. 강관 설계에서 비틀림 응력 포함

참조 기준은 모두BS 5950-1:2000[1]임.
단면 특성과 부재 내력은 BS 5950-1:2000 1권(제6판)[6]의 설계지침을 참고하였다.

9.1 곡선 지붕보

본 연구사례는 휨모멘트를 받는 곡선보의 설계를 나타내고 있다. 본 사례에서 부재에 발생하는 축하중은 무시하였다. 횡비틀림좌굴 내력을 계산하기 위한 수정 λ_{LT}의 계산과정을 설명한다. 이는 6.5.3절의 권고사항을 따른다.

본 사례에서는 곡선의 정도가 작기 때문에, 연속보를 직선부재로 간단히 모델링하여 전단력도와 휨모멘트도를 표현하였다. 계산의 편의성을 위해 등분포하중을 사용하였다.

전단력과 휨모멘트가 산정되면, 전단과 휨에 대한 부재성능을 검토할 수 있다. 본 사례의 주요사항은 곡선부재의 횡비틀림좌굴 내력을 직선부재와 비교하여 계산한 것이며, 곡선의 볼록한 면에 압축이 발생한 경우 내력은 감소된다. 휨에 의한 압축이 곡선의 오목한 면에서 발생할 경우 내력은 직선부재와 같다.

본 사례에서는 곡선보 플랜지의 면외 응력(5.3절 참조)은 그 지배요소가 면외 휨응력의 영향을 받지 않는 수평방향 비틀림 좌굴이기 때문에 무시하였다(5.3.2절 참조).

9.1.1 곡선지붕 – 평면도와 단면도

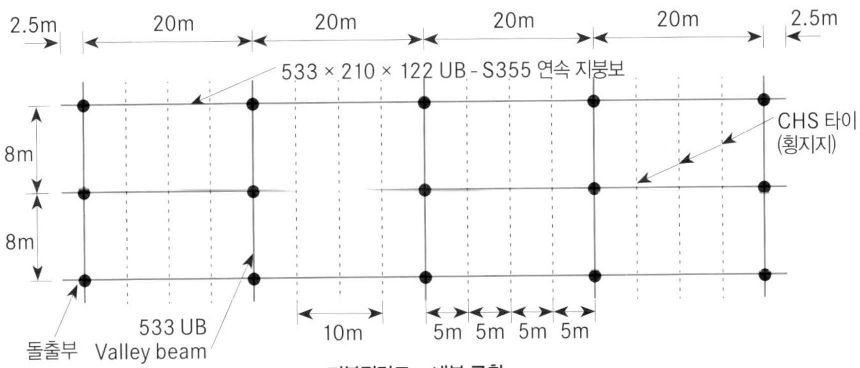

지붕평면도 – 내부 구획

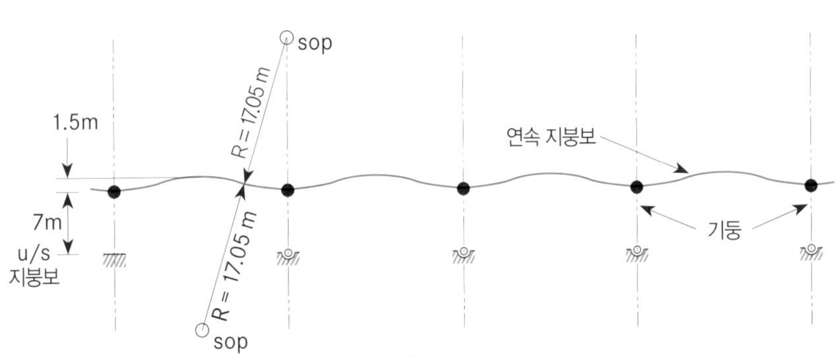

단면도

9.1.2 하중, 반력, 전단력, 휨모멘트

하중 13kN/m – 종국한계상태

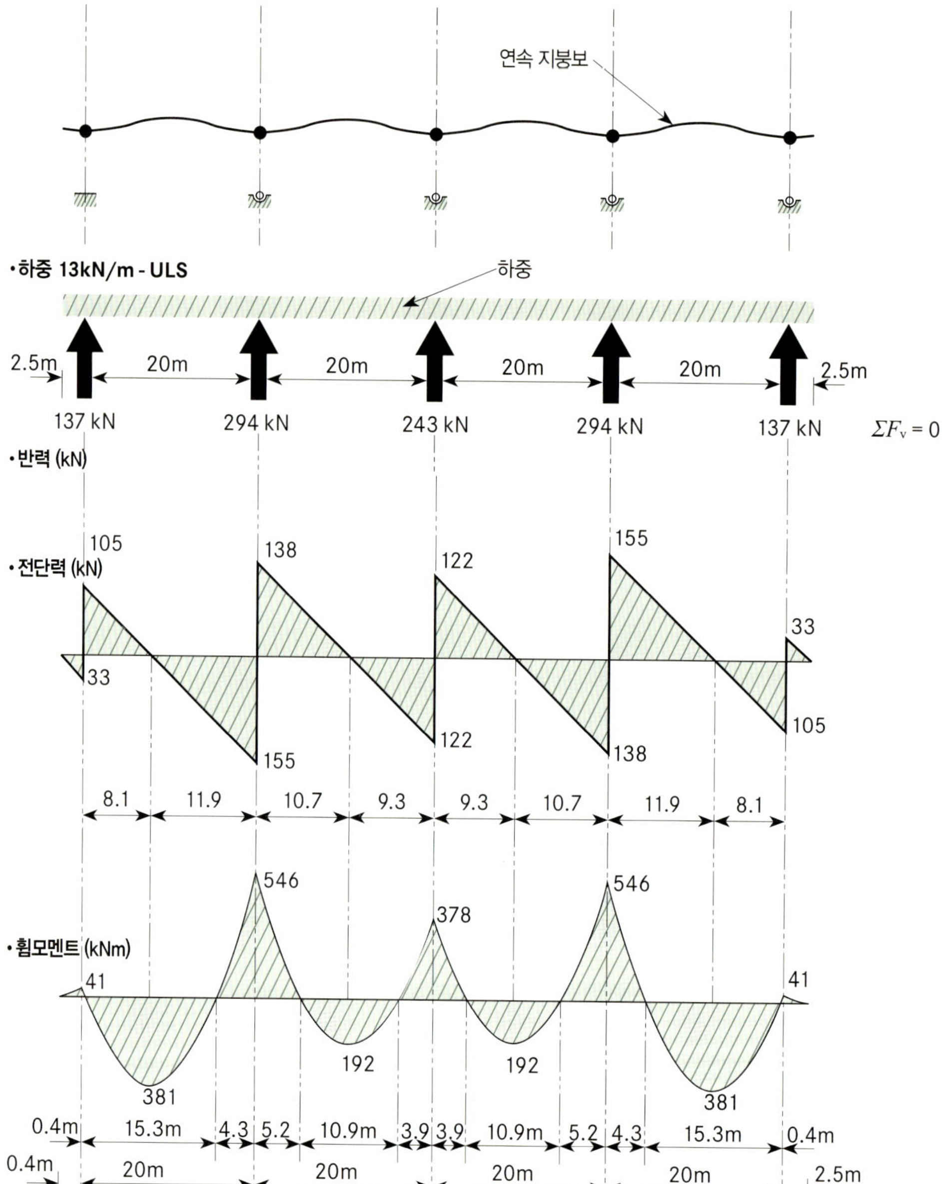

9.1.3 휨모멘트도 상세

BMD kNm (인장면에 표시됨)

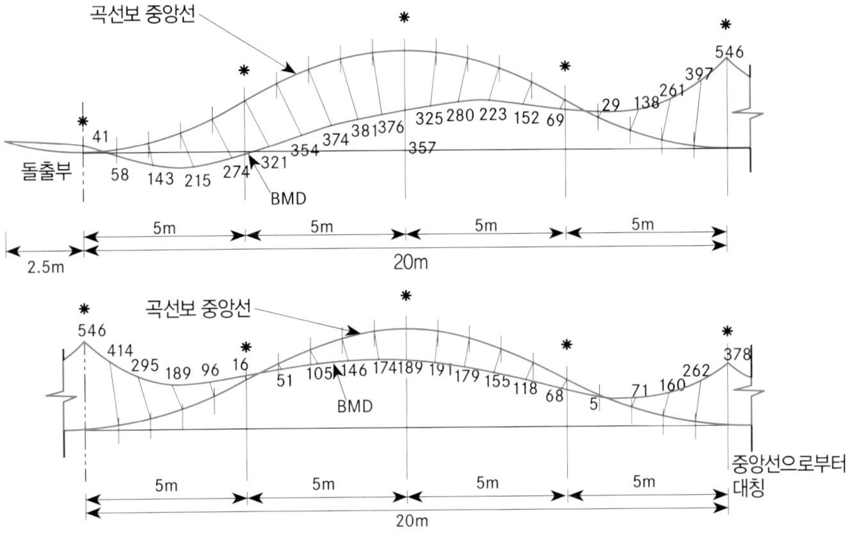

∗ 횡지지점 (CHS 타이)

9.1.4 설계 – 533 × 210 × 122UB - S355 (SCI P202)

단면특성

$T = 21.3\text{mm}$ $I_y = 3390\text{cm}^4$

$S_x = 3200\text{cm}^3$ $H = 2.32\text{dm}^6$

$J = 178\text{cm}^4$ $r_y = 4.67\text{cm}^6$

설계강도

$T = 21.3\text{mm}$, 그러므로 $p_y = 345\text{N/mm}^2$ (3.1.1)

(Table 9)

단면 성능 (4.2.3)

533 × 210 × 122UB - S355 에서 $P_v = 1430\text{kN}$ 이므로 (SCI P202)

$0.6P_v = 0.6 \times 1430 = 858\text{kN}$ (4.2.5.3)

$F_v = 155\text{kN}$, 858kN, 그러므로 저전단력 (4.2.5.2)

모멘트 성능

533 × 210 × 122UB - S355 에서, 부재는 등급 1의 콤팩트 단면임.

$M_{cx} = 1100\text{kNM}$ (SCI P202)

M_{max} = 546kNM, < 1100kNm　　OK

5.3.2절에서 설명한 바와 같이 면외 응력이 M_{cx}감소시키지만, 이 예제에서 처럼 그 감소량이 적고, 작용 모멘트가 전체 성능에 미치지 못하는 경우에는 큰 영향을 주지 못한다.

9.1.5 횡비틀림좌굴

(4.3)

보의 영역 A 검토(Sheet 4 참고)

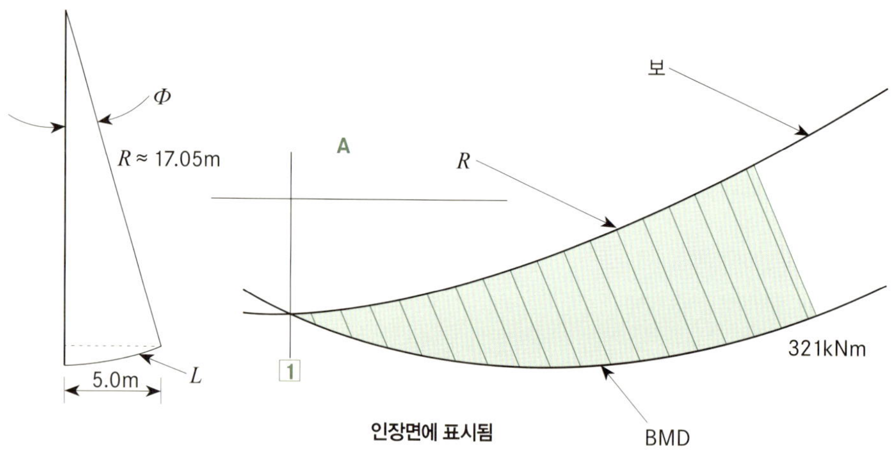

$$\phi = \sin^{-1}\frac{5.0}{17.05} = 17.053°$$

$$\text{영역의 전개길이} = \frac{17.053}{360} \times 2\pi \times 17.05 = 5.075\text{m}$$

휨에 의한 압축이 부재의 오목한 면에서 발생하기 때문에, 이 부분에서의 횡비틀림 저항모멘트는 직선부재와 같다고 볼 수 있다.

$$\lambda = L_E / r_y = \frac{5075}{46.7} = 109 \qquad (4.3.6.7)$$

$u = 0.878$ (SCI P202)

$x = 27.6$ (SCI P202)

$$\frac{\lambda}{x} = 109 / 27.6 = 3.9$$

v (표 19), with $\eta = 0.5$; $v = 0.86$ (표 19)
휨에 대하여 등급 1의 콤팩트 단면을 갖는다. (SCI P202)

$\beta_w = 1.0$ (4.3.6.9)

$\lambda_{LT} = uv\lambda\sqrt{\beta_w}$

$= 0.878 \times 0.86 \times 109 \times \sqrt{1.0} = 82$

$\lambda_{LT} = 82$ 이고

$p_y = 345\text{N/mm}^2$ (4.3.6.5)

$p_b = 181\text{N/mm}^2$ (표 16)

그러므로 $M_b = p_b S_x = \dfrac{181 \times 3200 \times 10^3}{10^6} = 579\text{kNm}$ (4.3.6.4)

9.1.6 등가 균등모멘트 계수 (4.3.6.6)

등가 균등모멘트 계수 m은 일반적인 조건에서 계산된다. (4.3.6.6)
(표 18)

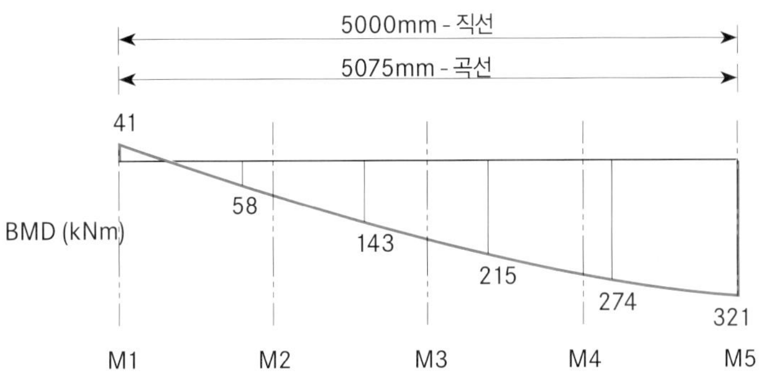

$m_{LT} = m = 0.2 + \dfrac{0.15 \times 80 + 0.5 \times 181 + 0.15 \times 261}{321}$

$m_{LT} = 0.64, > 0.44$ OK

$\dfrac{M_b}{m_{LT}} = \dfrac{579}{0.64} = 905\text{kNm}$ (4.3.6.2)

905kNm > 321kNm, OK

$M_{cx} = 1100\text{kNm}, > 321\text{kNm}$ OK

영역 A의 단면은 적절함

휨으로 인한 압축이 부재의 오목한 면에서 발생한 경우 부재를 직선으로 설계하여도 무방하다. 압축이 부재의 볼록한 면에 발생한 경우의 횡비틀림좌굴 저항모멘트는 직선부재보다 작으므로 반드시 계산되어야 한다. 이는 아래 사례에서 설명한다.

9.1.7 보 영역 D 검토 (E, H와 유사함)

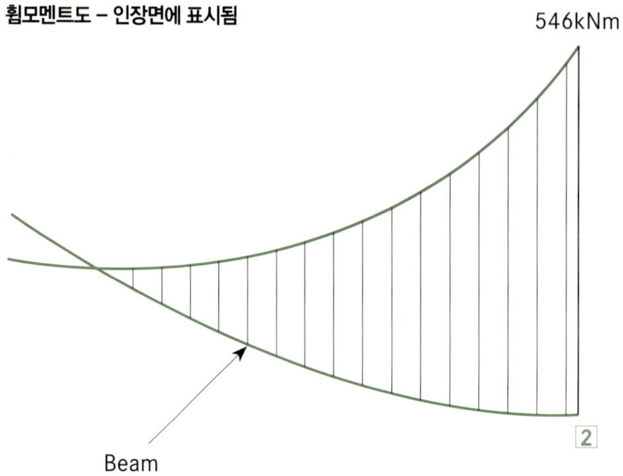

수정 λ_{LT}를 구하기 위해서는 탄성 임계좌굴 모멘트 M_E가 계산되어야 한다.

(6.5.3절)

$$M_E = \frac{-\dfrac{c}{R} + \sqrt{\left[\left(\dfrac{c}{R}\right)^2 + 4\left(\dfrac{\pi^2}{L^2} - \dfrac{1}{R^2}\right)ab\right]}}{2}$$

$$a = EI_y = 205 \times 10^3 \times 3390 \times 10^4 = 6.95 \times 10^{12}\ \text{Nmm}^2$$

$$b = GJ + \frac{\pi^2 EH}{L^2}$$

$$= \frac{205 \times 10^3}{2(1 + 0.3)} \times 178 \times 10^4 + \frac{\pi^2 \times 205 \times 10^3 \times 2.32 \times 10^{12}}{5075^2}$$

(3.1.3)

$$= 323 \times 10^9\ \text{Nmm}^2$$

$$c = a + b = 7.27 \times 10^{12}\ \text{Nmm}^2$$

$$-\frac{c}{R} = \frac{-7.27 \times 10^{12}}{17.05 \times 10^3} = -426 \times 10^6\ \text{Nmm}^2$$

휨에 의한 압축이 보의 볼록한 면에 발생하기 때문에 여기서 R은 양수이다.

$$M_E = \frac{-426\times10^6 + \sqrt{(426\times10^6)^2 + 4\left(\frac{\pi^2}{5075^2} - \frac{1}{17050^2}\right)\times 6.95\times323\times10^{21}}}{2}$$

$= 735 \times 10^6$ Nmm

$= 735$ kNm

Then $\lambda_{LT} = \sqrt{\frac{M_{cx}}{M_E}\frac{\pi^2 E}{p_y}} = \sqrt{\frac{1100}{735}\times\frac{\pi^2\times205\times10^3}{345}} = 93.7$

For $\lambda_{LT} = 93.7$ and $p_y = 345$ N/mm² (4.3.6.5)

$p_b = 151$ N/mm² (표 16)

$$M_b = p_b S_x = \frac{151\times3200\times10^3}{10^6} = 483\text{kNm} \quad (4.3.6.4)$$

등가균등모멘트 계수

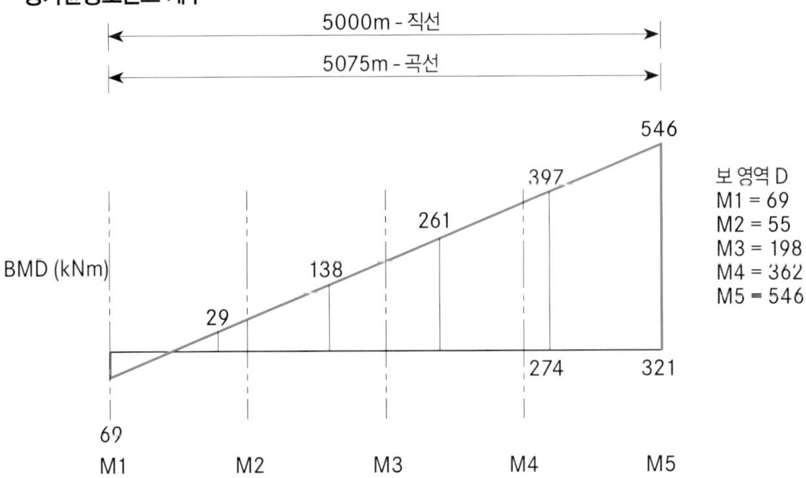

$$m_{LT} = 0.2 + \frac{0.15\times55 + 0.5\times198 + 0.15\times362}{546} \quad (4.3.6.6)$$

(표 18)

$= 0.5, > 0.44$ OK

$$\frac{M_b}{m_{LT}} = \frac{483}{0.5} = 966 \text{ kNm} \qquad (4.3.6.2)$$

966 kNm, > 546 kNm OK

M_{cx} = 1100 kNm, > 546 kNm OK

단면은 적절함.

아래 그림과 같이 변곡점이 곡선부재의 지지점 내에 존재한다면 볼록한 면 전체에서 압축의 발생을 가정하고, R을 양수로 두는 것이 안정적이다.

이로부터 안전한 횡비틀림좌굴 저항 모멘트를 구할 수 있다.

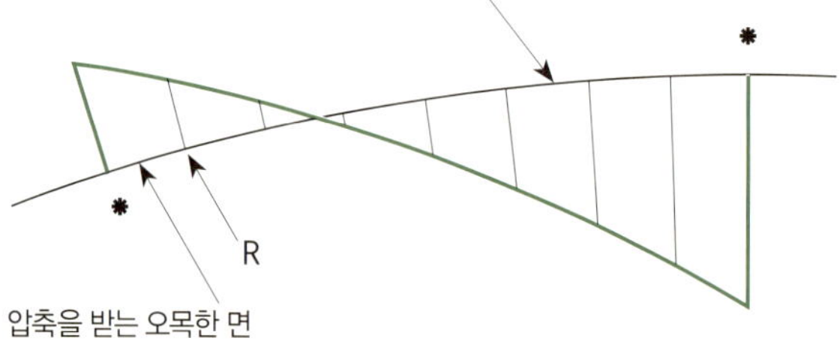

9.2 3힌지 아치

본 사례는 휨 외에 상당한 축하중을 받는 곡선부재의 설계법을 설명한다. 6.4.2절의 지침에 따른 면내 유효길이의 계산법을 다루었다.

본 사례에서는 5.3절의 지침에 따른 단면내력 계산시 면외 휨응력의 (작은) 영향을 설명하였다.

본 사례는 또한 지지조건을 아주 세심히 고려할 것을 경고하고 있다. 지지대는 실제로는 유연하지만 고정된 것으로 모델링되며, 완전히 다른 형태의 모멘트와 힘이 발생된다. 실제적인 거동이 모델링되어야 한다. 본 사례에서는 벌어짐의 발생을 막기 위해 지지대간의 구속용 타이를 제시한다.

지지대가 타이로 구속되더라도 1차 해석의 적합성을 확증하기 위해 6.2.1절의 지침을 따라 정점의 처짐을 검토하였다.

3힌지 아치 – 단면도

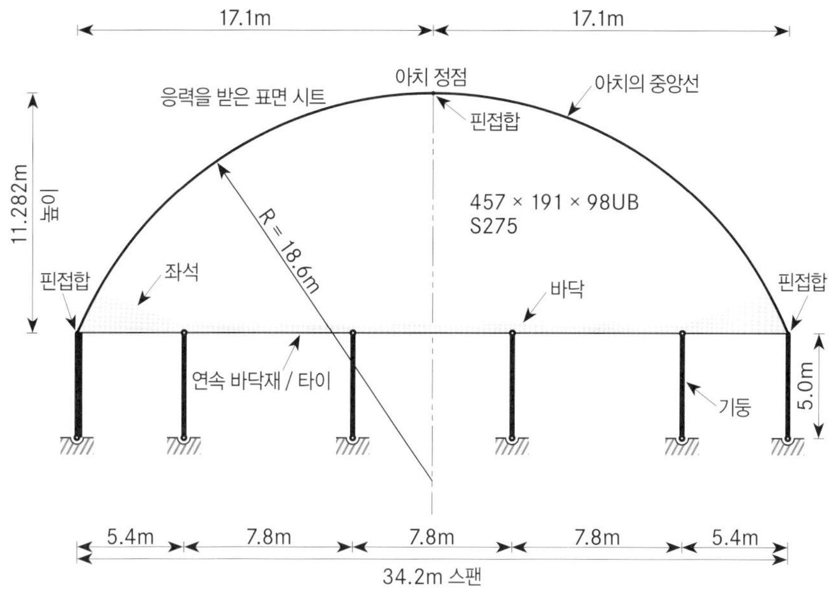

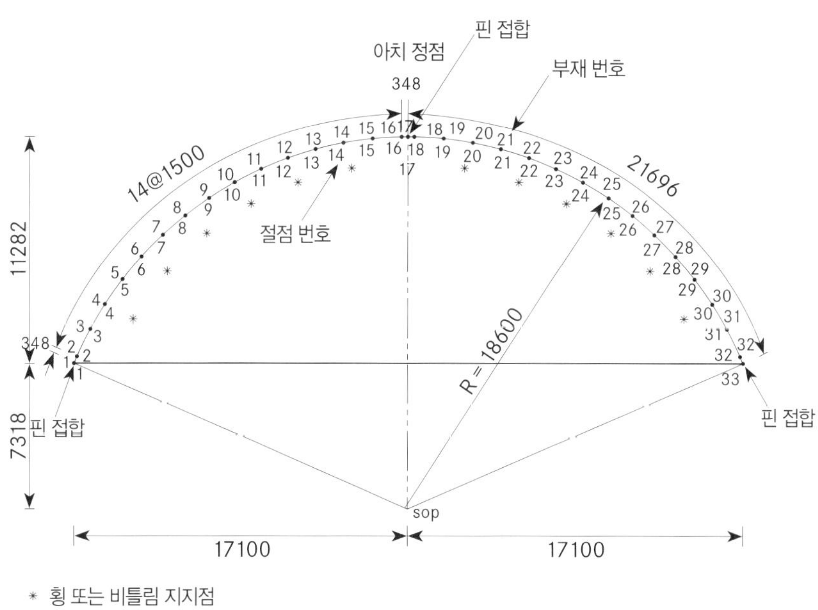

* 횡 또는 비틀림 지지점

해석 모델이 앞에 제시되어 있음.

9.2.1 하중

본 사례에서는 두 가지의 하중조건만을 고려하였다. 하중조건 1은 고정하중과 부가하중으로 인한 수직하중이 각 절점에 수직점하중으로 작용하도록 모델링되었다. 하중조건 2는 고정하중과 풍하중이 조합된 하중으로 모델링되었다. 편의성을 위해 작용된 하중을 수직방향으로만 고려하였다.

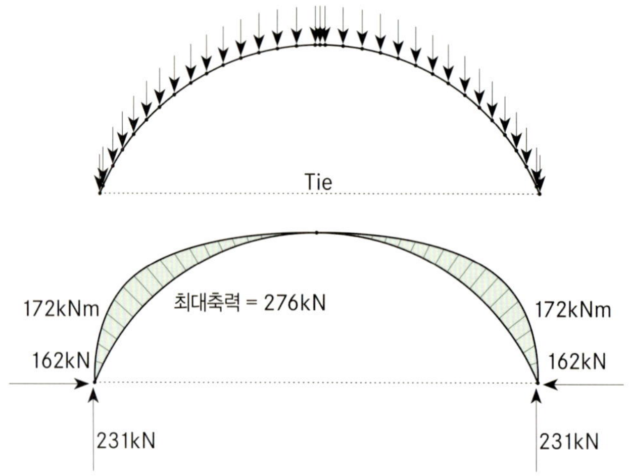

하중조건 1 하중과 휨모멘트도

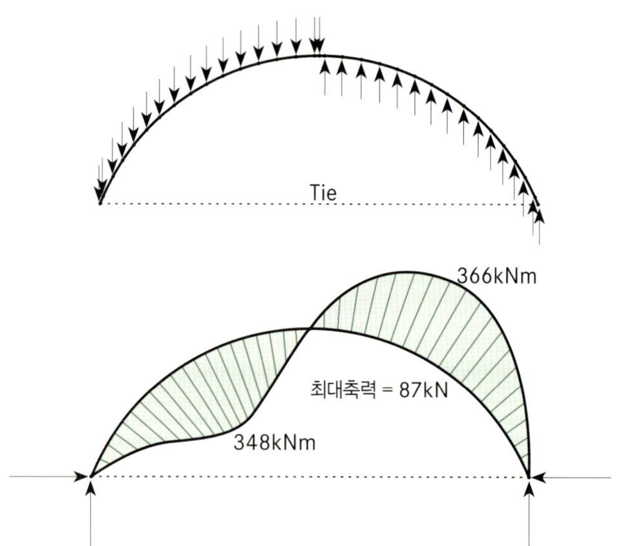

하중조건 2 하중과 휨모멘트도

9.2.2 1차(first-order) 해석의 타당성 검토

6.2.1절에서 설명한 바와 같이, 극한한계상태하중 하에서 아치 정점의 처짐이 높이의 2.5%보다 작을 경우 1차 해석을 만족한다.

높이의 2.5% = 282mm

중력하중 하에서 분석결과에 따른 실제 처짐 (하중조건 1) = 97mm

97mm < 282mm; 그러므로 1차 해석 만족

9.2.3 설계

457 × 191 × 98UB − S275

9.2.4 단면특성 (SCI P202)

B	= 192.8mm	t	= 11.4mm
T	= 19.6mm	r	= 10.2mm
I_y	= 2350cm^4	r_x	= 19.1cm
r_y	=4.33cm	Z_x	= 1960cm^3
S_x	= 2230cm^3	H	= 1.18dm^6
J	= 121cm^4	A	= 125cm^2

9.2.5 설계강도

T = 19.6mm, 그러므로 p_y = 265N/mm^2 (3.1.1)

(표 9)

9.2.6 하중조건 1 검토

9.2.7 전단성능 (4.2.3)

457 × 191 × 98UB – S275에서, P_v = 847 kN (SCI P202)

0.6 P_v – 0.6 × 847 – 508 kN

F_v (해석결과로부터) = 56kN, < 508kN, 그러므로 저전단력 (4.2.5.2)

9.2.8 모멘트 성능

본 사례에서는 플랜지의 면외 휨에 의한 응력을 계산한다. 부재의 국부적 성능은 이러한 추가적인 응력의 존재에 따라 감소된다(5.3절 참조).

면외 휨응력 $\sigma_2 = \dfrac{3\sigma_1 b^2}{RT}$

여기서　　σ_1은 직접응력
b는 지붕으로부터 돌출된 플랜지 길이
T는 플랜지 두께
R은 단면 반경

$$\sigma_1 = \frac{M_x}{Z_x} + \frac{F_c}{A}$$

해석결과에 따르면 최대 모멘트와 축력은 각각 172kNm와 276kN이다. 실제로 이 모멘트와 축력이 같은 단면에서 발생하지 않지만, 동시에 발생한다고 가정했을 때 σ_1의 값은 예상보다 더 작을 수 있다.

$$\sigma_1 = \frac{172 \times 10^6}{1960 \times 10^3} + \frac{276 \times 10^3}{125 \times 10^2} = 110\ \text{N/mm}^2$$

$$b = ½ (B - t - 2r) = ½ (192.8 - 11.4 - 2 \times 10.2) = 80.5\text{mm}$$

$$\text{then } \sigma_2 = \frac{3 \times 110 \times 80.5^2}{18600 \times 19.6} = 5.87\ \text{N/mm}^2$$

저감 설계강도 P_{yd}는 von Mises방정식을 이용하여 구할 수 있으며, 6.3.2절의 방정식 6.1로 다시 나타낼 수 있다.

$$p_{yd} = \left[p_y{}^2 - 3\left(\frac{\sigma_2}{2}\right)^2 - 3\tau^2 \right]^{0.5} + \frac{\sigma_2}{2}$$

여기서　　p_y: 설계강도, 265 N/mm^2
p_{yd}: 감소설계강도
σ_2: 면외 휨응력 (±5.87 N/mm^2)
τ: 전단응력

$$p_{yd} = \left[265^2 - 3\left(-\frac{5.87}{2}\right)^2 - 0 \right]^{0.5} - \frac{5.87}{2}$$

그러므로　　$p_{yd} = 262\ \text{N/mm}^2$

가장 안정적인 방법으로 면외 휨응력을 음수로 취하였으며. 전단응력 또한 0으로 취하였음을 주목하라. 이는 전단응력이 작으며, 제시된 방법이 안전하기 때문이다. 무시되었던 면외 휨응력을 양수로 취할 경우 항복응력이 증가할 수 있다.

9.2.9 저감된 휨성능

적어도 등급 2의 콤팩트 단면 (SCI P202)

$$M_{cx} = P_{yd}S_x = \frac{262 \times 2232 \times 10^3}{10^6} = 585\text{kNm} \quad (4.2.5.2)$$

9.2.10 축하중과 모멘트 작용 하에서의 단면성능

다음 절에서 저감 휨응력 P_{yd}의 변화를 주목할 것

$$\frac{F_c}{A_g P_{yd}} + \frac{M_x}{M_{cx}} + \frac{M_y}{M_{cy}} \le 1 \quad (4.8.3.2)$$

$$\frac{276 \times 10^3}{125 \times 10^2 \times 262} + \frac{171}{585} = 0.38, < 1 \quad \text{OK}$$

9.2.11 부재 좌굴 내력 (4.8.3.3)

면외 휨응력은 수평방향 좌굴 내력에 영향을 미치지 않으므로 P_y는 횡좌굴(P_{cy})과 횡비틀림좌굴(M_b) 측정시 265 N/mm^2 정도가 된다. 주축 좌굴 조건에서는 262 N/mm^{2}의 저감 설계응력이 사용된다(M_{cx}와 P_{cx}).

두 식은 반드시 만족해야 한다. 첫째:

$$\frac{F_c}{P_c} + \frac{m_x M_x}{p_y Z_x} + \frac{m_y M_y}{p_y Z_y} \le 1 \quad (4.8.3.3.1)$$

P_c는 P_{cx}와 P_{cy}중 작은 값이다. 약축에서는 3m 지점마다 횡구속되어 있다.

절점 1에서 4까지가 최대길이이다. (sheet 2) 절점 1에서 4까시의 길이는
= 2 × 1500 +348 = 3348m

For P_{cy} $\quad L_E = L = 3348\text{mm}$ (4.7.3)

$\lambda = 3348 / 43.3 = 77.3$ (4.7.2)

$p_{cy} = 182\text{N/mm}^2$ (4.7.5, 표 23, 표 24(3))

$P_{cy} = A_g p_{cy} = 125 \times 10^2 \times 182 \times 10^{-3} = 2275\text{ kN}$ (4.7.4(a))

P_{cx} 구하기

평면의 유효길이 L_E는 그림 6.13으로부터 구해진다.

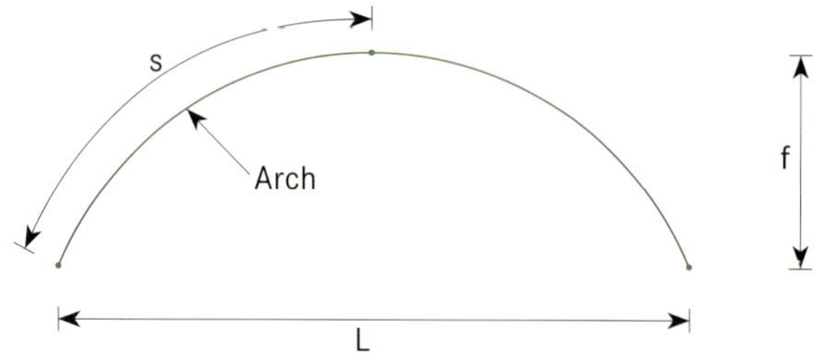

$$f/L = \frac{11.282}{34.2} = 0.33,\ \text{그러므로}\ \beta = 1.15$$

그러므로, $L_E = 1.15 \times s$ (아치 정점까지의 전개 길이)

$L_E = 1.15 \times 21696 = 24950\ \text{mm}$

$$\lambda = \frac{24950}{191} = 131 \qquad (4.7.2)$$

$p_{cx} = 102\text{N/mm}^2$ (표 23, 표 24(2))

$P_{cx} = A_g p_{cx} = 125 \times 10^2 \times 102 \times 10^{-3} = 1275\ \text{kN}$ (4.7.4(a))

$P_{cx} = 2275, 1275$ 중 작은 값 $= 1275\ \text{kN}$

9.2.12 등가 균등모멘트 계수

등가 균등모멘트 계수 m_x는 일반조건에서 계산된다. (4.8.3.3.4, 표 26)

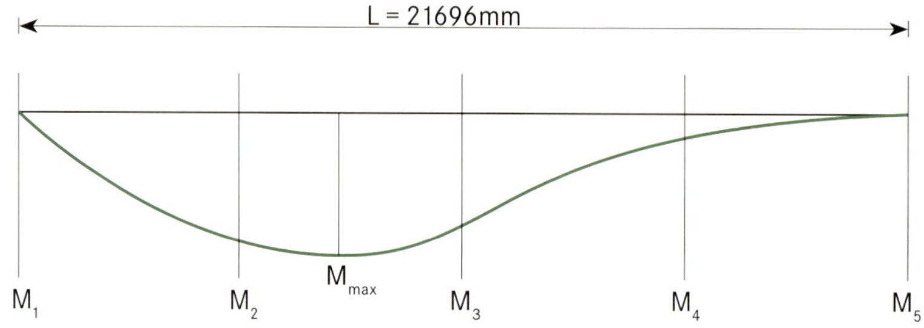

전개길이에서 아치 정점까지의 휨모멘트도는 다음과 같다.

$M_1 = 0,$ $M_2 = 148\text{kNm},$
$M_3 = 134\text{kNm},$ $M_4 = 26.4\text{kNm},$ $M_5 = 0$
$M_{max} = 171\text{kNm}$ $M_{24} = 171\text{kNm}$

그러므로, $m_x = 0.2 + \dfrac{0.1 \times 148 + 0.6 \times 134 + 0.1 \times 26.4}{171} = 0.77$

그러나 이는 $\dfrac{0.8\,M_{24}}{M_{max}} = \dfrac{0.8 \times 171}{171} = 0.8$ 보다 크지 않다.

그러므로 $m_x = 0.8$

$$\frac{F_c}{P_c} + \frac{m_x M_x}{p_{yd} Z_x} = \frac{276}{1275} + \frac{0.8 \times 171 \times 10^6}{262 \times 1957 \times 10^3} = 0.48, < 1.0 \quad \text{OK}$$

(4.8.3.3.1)

위 방정식에서는 감소설계강도의 사용에 주의할 것.

만족해야 하는 두 번째 방정식 : (4.8.3.3.1)

$$\frac{F_c}{P_{cy}} + \frac{m_{LT} M_{LT}}{M_b} + \frac{m_y M_y}{p_y Z_y} \leq 1$$

횡비틀림좌굴은 3m 지점마다 있는 지지점 사이에서만 발생한다. 최대 모멘트는 171 kNm이며 인접 구속점보다 미세하게 작다. 그러므로 등분포 모멘트를 가정하면

$m_{LT} = 1.0\ (\beta = 1.0)$ (표 18)

휨이 부재의 오목한 면에 압축을 가하기 때문에 횡비틀림좌굴에 대한 내력은 직선부재와 같다.

$\lambda = L_E / r_y = \dfrac{3000}{43.3} = 69$ (4.3.6.7)

$u = 0.881$ (SCI P202)
$x = 25.7$ (SCI P202)
$\lambda / x = 69 / 25.7 = 2.7$
v(표 19), $\eta = 0.5;\ v = 0.92$ (표 19)

적어도 2등급 콤팩트 단면임. (SCI P202)

$\beta_W \quad = 1.0$ (4.3.6.9)

$\lambda_{LT} \quad = uv\lambda\sqrt{\beta w}$

$\quad = 0.881 \times 0.92 \times 69 \times \sqrt{1.0} = 56$

$\lambda_{LT} \quad = 56$ and $p_y = 265\ \text{N/mm}^2$ (4.3.6.5)

$$M_b = p_b S_x = \frac{217 \times 2232 \times 10^3}{10^6} = 484\text{kNm}$$

$$\text{Then } \frac{F_c}{P_{cy}} + \frac{m_{LT} M_{LT}}{M_b} = \frac{276}{2275} + \frac{1.0 \times 171}{484} = 0.47, < 1.0 \qquad \text{OK}$$

부재는 충분한 비틀림 내력을 가지고 있다.

접합부가 견고하다고 가정한 해석결과라는 것에 주의할 것. 지지대간 접합의 신장은 검토결과 무시 가능한 것으로 나타났다. 그러므로 견고한 접합부의 가정은 합리적이라고 할 수 있다.

9.2.13 하중조건 2 검증

두 번째 하중조건은 부재의 볼록한 면에 압축을 가하여 횡비틀림좌굴 내력을 저감시킨다. 아래 계산식은 감소 λ_{LT}를 이용하여 감소 M_b를 구하는 과정을 설명한다.

최대 모멘트 (349 kNm)와 축력(87 kN)은 동시에 발생하는 것으로 가정한다.

M_{cx}(Sheet 6 참조) = 585 kNm, > 349 kNm OK

9.2.14 단면 성능 (4.8.2.3)

$$\frac{F_c}{A_g p_{yd}} + \frac{M_x}{M_{cx}} + \frac{M_y}{M_{cy}} \leq 1$$

이 하중조건 하에서 재계산된 p_{yd}는 (Sheet 5에서 증명한 바와 같이)

$p_{yd} = 260\ \text{N/mm}^2$

$$\frac{87 \times 10^3}{125 \times 10^2 \times 260} = \frac{349}{585} = 0.62. < 1 \qquad \text{OK}$$

9.2.15 좌굴내력

$P_c = 1275$ kN (Sheet 7)

등가 균등모멘트계수 m_x 계산 (4.8.3.3.4, 표 26)

$M_1 = 0,\quad M_2 = 182\text{kNm},$

$M_3 = 339\text{kNm},\quad M_4 = 381\text{kNm},\quad M_5 = 0$

$M_{max} = 348\text{kNm},\quad M_{24} = 348\text{kNm}$

$$m_x = 0.2 + \frac{0.1 \times 182 + 0.6 \times 339 + 0.1 \times 318}{348} = 0.93$$

그러나 $\dfrac{0.8M_{24}}{M_{max}} = \dfrac{0.8 \times 348}{348} = 0.8$ 보다 작지 않다.

$m_x = 0.93$

그러므로

$$\frac{F_c}{P_c} + \frac{m_x M_x}{p_y Z_x} = \frac{87}{1275} + \frac{0.93 \times 348 \times 10^6}{260 \times 1957 \times 10^3} = 0.70, < 1 \quad \text{OK}$$

(4.8.3.3.1)

만족해야 하는 두 번째 식은:

$$\frac{F_c}{P_{cy}} + \frac{m_{LT} M_{LT}}{M_b} + \frac{m_y M_y}{p_y Z_y} \leq 1 \qquad (4.8.3.3.1)$$

첫 번째 하중조건과 비슷한 방식으로 지지점간의 등분포모멘트가 가정되었으며, $m_{LT} = 1$ (표 18)

횡비틀림좌굴 저항모멘트는 수정 등가세장비 λ_{LT}를 이용하여 계산된다.

λ_{LT}는 탄성임계좌굴모멘트 M_E를 이용하여 계산된다. (6.5.3절)

$$a \quad = EI_y = 205 \times 10^3 \times 2437 \times 10^4 = 5.00 \times 10^{12}\,\text{Nmm}^2$$

$$b \quad = GJ + \frac{\pi^2 EH}{L^2}$$

$$G \quad = \frac{E}{2(1+v)}, \text{ where } v = 0.3 \qquad (3.1.3)$$

$$b \quad = \frac{205 \times 10^3 \times 121 \times 10^4}{2(1+0.3)} + \frac{\pi^2 \times 205 \times 10^3 \times 1.18 \times 10^{12}}{3000^2}$$

$$= 361 \times 10^9\,\text{Nmm}^2$$

$$c \quad = a + b = 5 \times 10^{12} + 361 \times 10^9 = 5.36 \times 10^{12}\,\text{Nmm}^2$$

$$-\frac{c}{R} = \frac{-5.36 \times 10^{12}}{18600} = -288 \times 10^6$$

휨에 의한 압축이 부재의 볼록한 면에서 발생하기 때문에 여기서 R은 양수임을 주목할 것.

그러므로 $M_E =$

$$\frac{-288 \times 10^6 + \sqrt{(288 \times 10^6)^2 + 4\left(\frac{\pi^2}{3000^2} - \frac{1}{18600^2}\right) \times 5.00 \times 361 \times 10^{21}}}{2}$$

$$M_E \quad = 1.27 \times 10^9\,\text{Nmm} = 1270\text{kNm}$$

$$\lambda_{LT}^2 = \frac{M_{cx} \times \pi^2 E}{M_E\, p_y}$$

$$M_{cx} = 592\text{kNm} \qquad \text{(SCI P202)}$$

$$\lambda_{LT} \quad = \sqrt{\frac{592}{1270} \times \frac{\pi^2 \times 205 \times 10^3}{265}} = 59.7$$

$\lambda_{LT} = 59.7$ and $p_y = 265\ \text{N/mm}^2$,

$p_y = 207\ \text{N/mm}^2$ (4.6.3.5, 표 16)

$$M_b \quad = p_b S_x = \frac{207 \times 2232 \times 10^3}{10^6} = 462\ \text{kNm}$$

그러므로

$$\frac{F_c}{P_{cy}} + \frac{m_{LT} M_{LT}}{M_b} = \frac{87}{2275} + \frac{1.0 \times 348}{462} = 0.8, < 1 \qquad \text{OK}$$

(4.8.3.3.1)

호깅 발생부 검토시에도 하중조건 1과 비슷한 방식의 가정이 요구된다.

요약하면,

9.2.16 휨성능

$M_{cx} = 585\ \text{kNm}, > 366\ \text{kNm}$ OK (4.2.5.2)

축하중과 모멘트 하에서의 성능

$$\frac{F_c}{A_g p_{yd}} + \frac{M_x}{M_{cx}} = \frac{87 \times 10^3}{125 \times 10^2 \times 260} + \frac{366}{585} = 0.65, < 1 \qquad \text{OK}$$

(4.8.3.2)

9.2.17 좌굴내력

(4.8.3.3)

m_x (13페이지와 유사한 계산) = 0.8

Then

$$\frac{F_c}{P_c} + \frac{m_x M_x}{p_y Z_x} = \frac{87}{1275} + \frac{0.8 \times 366 \times 10^6}{260 \times 1957 \times 10^3} = 0.64, < 1 \qquad \text{OK}$$

and

$$\frac{F_c}{P_c} + \frac{m_{LT} M_{LT}}{M_b} = \frac{87}{1275} + \frac{1.0 \times 366}{484} = 0.82, < 1 \qquad \text{OK}$$

단면성능은 만족한다.

9.3 2힌지 격자 아치

본 사례는 직선요소를 이용한 곡선부재의 모델링을 설명하는 비교적 간단한 사례이다.

본 사례에서 장스팬 트러스는 55 반경의 곡선 현재를 가진다. 상하현재는 같은 반경을 가진다. 보다 일반적인 해는 시작점은 같으나, 각 현재의 반경이 다르고,

반지름 방향으로의 내부부재를 가질 것이다.

지점은 강체로 모델링 하였다. 비현실적인 가정이기는 하지만, 한쪽 지지대에서만 수평 스프링이 허용된다. 사용된 탄성강성은 20mm 의 목표 변위가 발생할 때까지의 반복과정에 의하여 결정된다. 변위는 접합부구조, 기초와 동등하게 고려되었다. 트러스 부재 내부의 응력이 지지대 강성에 따라 상당히 변화하기 때문에 지지대 모델링의 현실성을 지나치게 강조할 수는 없다.

본 사례의 마지막 부분에서 해석 모델링에 포함되지는 않았지만 곡률의 영향을 고려한 다른 방법을 사용할 수 있다.

모든 부재는 열간성형의 중공단면이다. BS 5950-1:2000은 냉간성형의 중공단면도 다루고 있음을 주목하기 바란다.

9.3.1 일반적인 배열

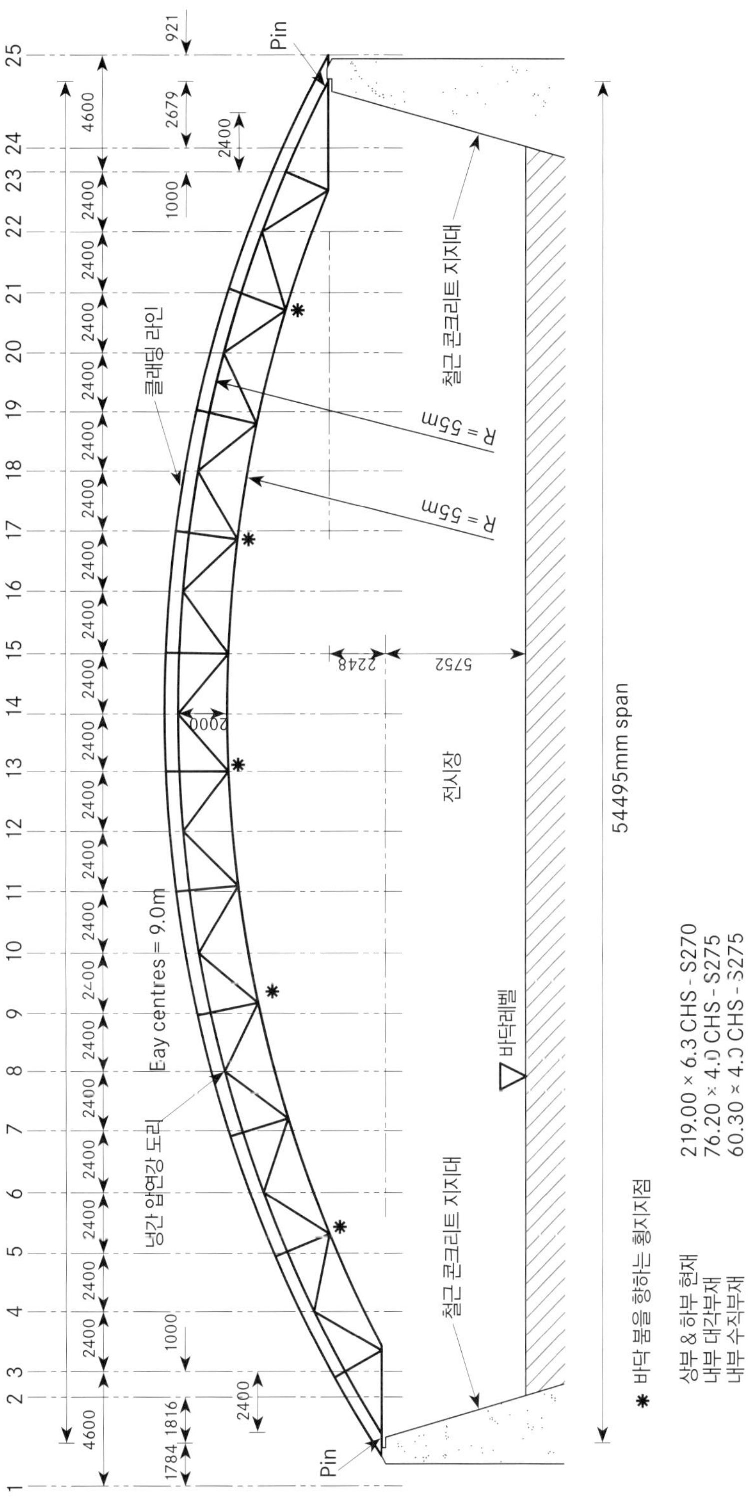
Pin
Pin
클래딩 라인
냉간 압연강 도리
Bay centres = 9.0m
R = 55m
R = 55m
철근 콘크리트 지지대
철근 콘크리트 지지대
전시장
바닥레벨
54495mm span
2248
5752
2000
921
2679
2400
1000
4600
1784 1816
✱ 바닥 붐을 향하는 횡지지점
상부 & 하부 현재 219.00 × 6.3 CHS - S270
내부 대각부재 76.20 × 4.0 CHS - S275
내부 수직부재 60.30 × 4.0 CHS - S275

9.3.2 부재 번호

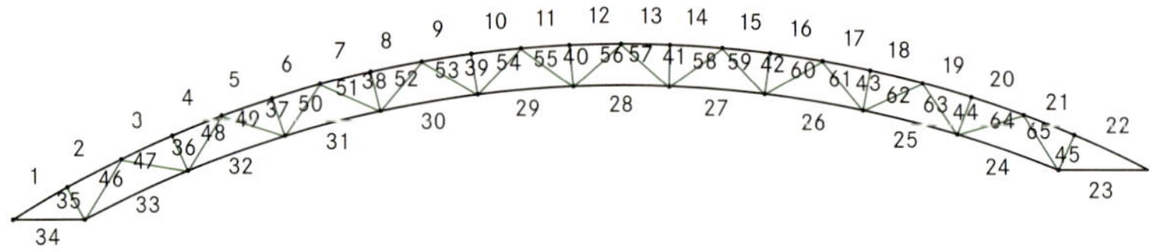

9.3.3 절점 번호

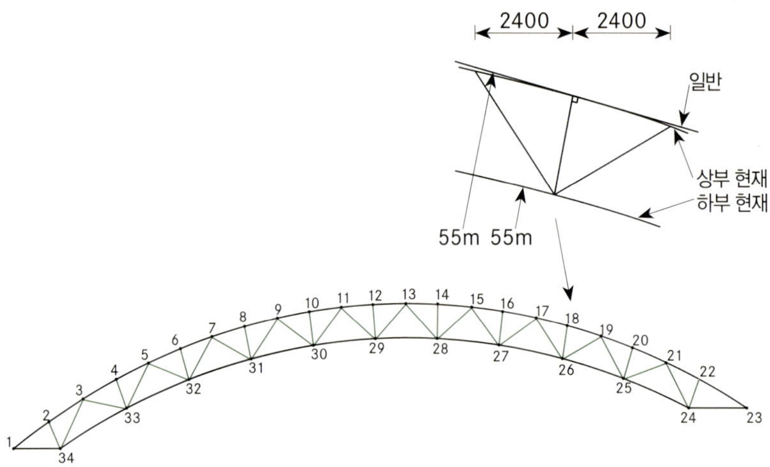

9.3.4 해석 결과

하나의 탄성지지대를 가지며 전체가 내부 핀접합된 연속 쌍곡현의 최대응력은 다음과 같다.

부재 1　　621 kN (압축)
　　　　　2 kN 전단
　　　　　7 kNm 휨모멘트

해석모델의 길이 = 3264 mm (직선)

아래의 계산식은 부재 1의 검토과정을 설명한다. 다른 부재들 특히, 축하중을 적게 받지만 부재 1보다 긴 부재 22도 유사한 과정에 따른 검토가 필요하다.

길이 3264 mm 이상에서, 실제 곡선과 가정된 직선부재 사이의 최대 편심은 25mm이다.

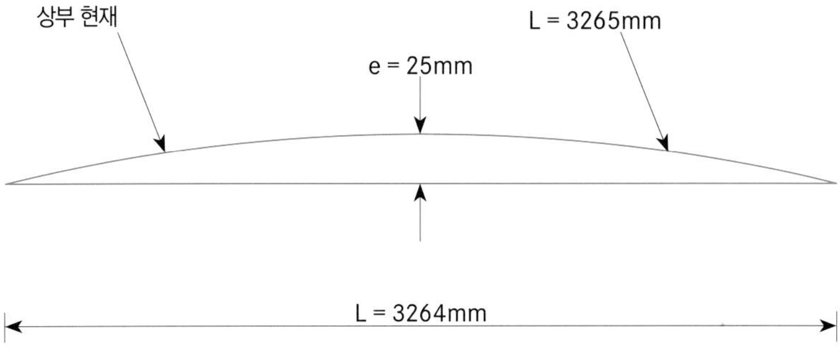

보수적이지만 간단한 방법으로서, 직선 해석 요소로부터의 편심에 의한 모멘트는 부재 내부 모멘트로 전환된다.

편심에 의한 추가 모멘트 = 621 × 0.025 = 15.5 kNm
전체 모멘트 = 15.5 + 7 = 22.5 kNm

9.3.5 현재 검토

219.1 × 6.3CHS − S275, therefore $p_y = 275$ N/mm^2 (표 9)

$A = 42.1\text{cm}^2$ $Z = 218\text{cm}^3$ $D/t = 34.8$

$r = 7.53\text{cm}$ $S = 285\text{cm}^3$ (SCI P202)

9.3.6 단면 성능

등급1의 콤팩트 단면. (표 12)

$$A_g p_y = \frac{275 \times 42.1 \times 10^2}{10^3} = 1158\text{kN} \quad (4.8.3.2)$$

$$M_{cx} = p_y S = \frac{275 \times 285 \times 10^3}{10^6} = 78.4\text{kNm} \quad (4.2.5.2)$$

그러므로

$$\frac{F_c}{A_g p_y} + \frac{M_x}{M_{cx}} + \frac{M_y}{M_{cy}} = \frac{621}{1158} + \frac{22.5}{78.4} = 0.82, < 1.0 \quad \text{OK}$$

(4.8.3.2)

9.3.7 횡비틀림좌굴

원형강관은 횡비틀림좌굴을 검토할 필요가 없다. (4.3.6.1)

9.3.8 좌굴 내력 (4.8.3.3.1)

For P_{cx} and P_{cy}, $L_E = 3264$mm (해석 결과로부터)

$$\lambda = L_E / r = \frac{3264}{75.3} = 43$$

Given $\lambda = 43$ and $p_y = 275\ \text{N/mm}^2$, $p_c = 257\ \text{N/mm}^2$ (표 23, 표 24(1))

그러므로

$$P_c = P_{cx} = P_{cy} = \frac{275 \times 42.1 \times 10^2}{10^3} = 1082\text{kN}$$

단순화를 위해 M_{LT}와 M_x를 1.0으로 둔다. (4.8.3.3.1)

$$\frac{F_c}{P_c} + \frac{m_x M_x}{p_y Z_x} = \frac{621}{1082} + \frac{1.0 \times 22.5 \times 10^6}{275 \times 218 \times 10^3} = 0.95, < 1 \quad \text{OK}$$

(4.3.6.1)

CHS에서는 $M_b = M_{cx}$임을 주의할 것. (4.8.3.3.1)

그러므로

$$\frac{F_c}{P_{cy}} + \frac{m_{LT} M_{LT}}{M_b} = \frac{621}{1082} + \frac{1.0 \times 22.5 \times 10^6}{275 \times 285 \times 10^3} = 0.86, < 1 \quad \text{OK}$$

단면성능 만족.

9.3.9 모델링 유의사항

연속된 직선 요소들로 모델링한 현재은 부재 내부 휨모멘트의 합리적 측정을 가능하게 하며 특히 큰 반경의 부재에서 효과가 있다.

대안으로, 트러스 각 현 요소의 중간에 절점를 추가하여 재모델링하였다.

주 현재(절점 1~3)을 따라 발생하는 휨모멘트는 아래에 나타낸 바와 같다.

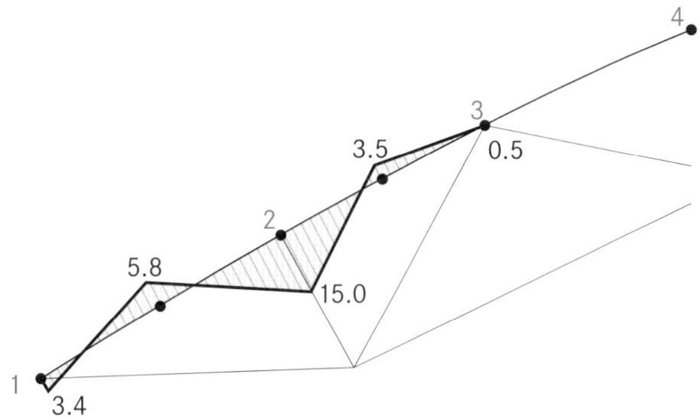

이러한 경우 축력은 615kN까지 감소되지만 모멘트는 15kNm까지 증가된다.

이러한 경우, 등가 균등모멘트계수 *m*은 표 26에 의해 0.42가 된다.

그러므로 $\frac{615}{1082} + \frac{0.42 \times 15 \times 10^6}{275 \times 218 \times 10^3} = 0.67, < 1 \quad \text{OK} \qquad (4.8.3.3.1)$

트러스가 전체 핀접합으로 모델링된다면 부재 내부의 축력은 625kN이다.

이 축력에 오차를 곱하면 모멘트를 얻는다.
$625 \times 0.025 = 16$kNm (부재 중간에서)

좌굴 검토시에는 이 조합을 등가균등모멘트계수 $m = 1.0$으로 대입하여 0.84의 결과값을 얻을 수 있다.

이 사례는 세분할의 증가(절점의 추가와 등가균등모멘트계수의 사용)로 더 경제적인 단면을 얻을 수 있다는 것을 설명한다. 그러나 대부분의 목적을 위해서는 직선 해석 모델로부터의 실제 구조물의 편심을 고려한 간단한 해석만으로도 충분하다.

9.4 문형 프레임

본 사례는 곡선 서까래를 사용한 문형 프레임 설계상 중요한 특징을 설명한다. 프레임이 작은 반경의 곡선을 가지더라도 탄성적으로 해석하였다. 직선 부재를 사용한 유사한 형태의 프레임에 대한 소성해석 결과 동일한 부재 크기를 얻었으며, 이러한 예로서 탄성해석과 곡선부재 사용으로 인한 비용 손실이 없다는 것이 증명되었다.

본 사례에서는 일반적인 직선부재의 검토법과는 다른 방법이 사용되었다. 부재의 곡률이 이로운 영향을 주는 경우(부재 내력이 직선부재보다 작아질 경우)에는 이 방법을 사용하지 않았다. 직선부재의 검토를 위한 상세가 제시되어 있는 경우 문형 프레임의 설계를 다루는 BS 5950-1[1]과 다른 간행물[7]들을 참고하기 바란다.

9.4.1 기하학적 구조

이 프레임은 다음과 같은 상세를 가지며, 센터로부터 1.656m의 거리에 횡지지 역할을 하는 도리를 가지고 있다.

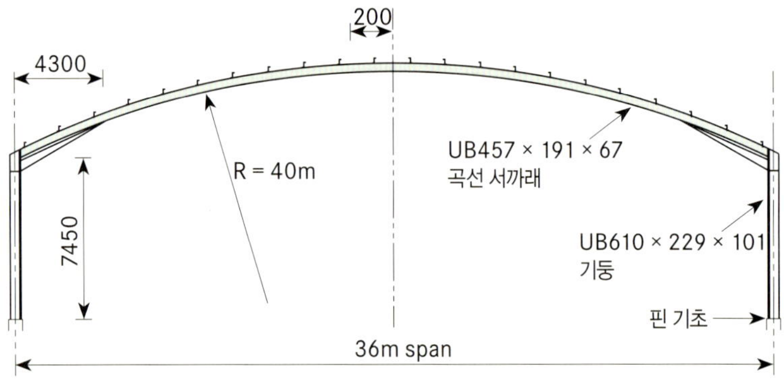

9.4.2 설계절차

일반적으로 문형프레임구조 설계에서는 다음에 제시된 절차를 따라야 한다.

- 초기 치수의 결정 (5.5.4)
- 면내 안정성의 검증
- 부재 내력의 검증

9.4.3 초기치수

초기 해석값에 따라,일반 부재 일람에 기재된 부재를 선택하였다.

9.4.4 면내 안정성

문형 프레임의 면내 안정성 확인에 사용되는 (간단한) 횡변위 측정법의 유효성을 보증하기 위해서는 프레임의 기하학적 구조가 검토되어야 한다.

$5 \times h = 5 \times 7.450 = 37.25\text{m}$

$span,\ L = 36\text{m}, < 37.25\text{m}$ OK

rise, $h_r = 4.25$m (센터라인 규모에 의존)

$0.25 \times span = 0.25 \times 36 = 9$m, > 4.25m OK

그러므로 횡변위 측정법은 사용가능

개념적 수평하중은 바닥 반력의 0.5%로 주어지고, 각 기둥의 상부에서 같은 방향을 향해 수평적으로 작용된다.

이 하중조건에서의 해석결과, 기둥 상부의 최대 수평처짐은 4.6mm로 나타났다. (5.5.4.2.2)

$Limit = h / 1000 = 7450 / 1000 = 7.45$mm

$4.6 < 7.45$, therefore $\lambda_r = 1.0$

9.4.5 해석

이 서까래는 23개의 직선 요소로 모델링되었다. 수직 UDL과 개념적 수평하중 하에서, 휨모멘트도는 아래의 그림에 나타난 바와 같다. (5.5.1)

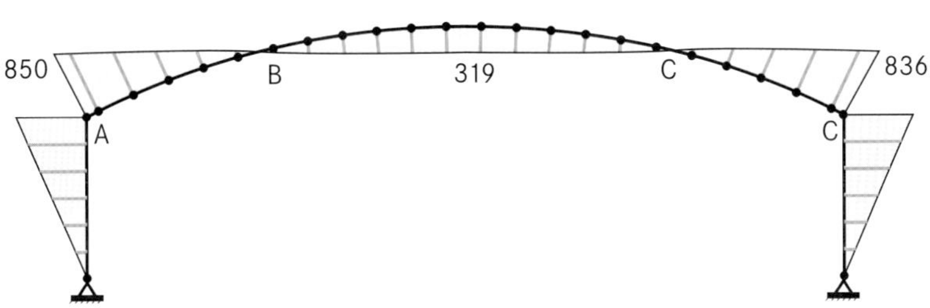

9.4.6 설계

기둥의 검도방법은 직선 부재로만 구성된 문형 프레임과 차이가 없으며, 본 사례에는 포함시키지 않았다.

A-B, C-D 사이에서 곡선 서까래는 호깅 모멘트를 받는다. 휨모멘트는 부재의 오목한 면에 압축력을 발생시키나, 실계내력은 적어도 직신 부재의 내력보다 커야한다. A-B와 C-D영역은 직선으로 간주하여 전체 지지점 등을 고려하여 검토해야 한다.

B점과 C점 사이에서 곡선 서까래는 새깅 모멘트를 받는다. 휨모멘트는 부재의 볼록한 면에 압축력을 발생시키며, 부재의 성능을 저하시킨다. 아래의 검토식

은 이 영역의 부재가 어떻게 검토되어야 하는지를 설명해준다.

해석결과로부터 B와 C(동시발생을 가정하였을 때) 사이의 최대 내력은 다음과 같다:

M_x = 319.3 kNm
F_c = 113.2 kN
F_v = 90 kN

9.4.7 서까래의 부재 단면특성

457 × 191 × 67 UB S275 (SCI P202)

D	= 453.4 mm	Z_x	= 1300 cm^3
B	= 189.9 mm	Z_y	= 153 cm^3
t	= 8.5 mm	S_x	= 1470 cm^3
T	= 12.7 mm	I_y	= 1450 cm^4
r	= 10.2 mm	r_y	= 4.12 cm
A	= 85.5 mm^2	r_x	= 18.5 cm
J	= 37.1 cm^4	H	= 0.705 dm^6

9.4.8 저감 설계강도

굴곡은 축응력과 결합되어 부재의 유효 항복응력을 저감시키는 플랜지의 휨응력을 발생시킨다. 저감 설계강도 P_{yd}는 6.3.2절에 주어진 절차를 따라 계산한다.
(5.3절)

면외 휨응력의 계산

$$\sigma_2 = \frac{3\sigma_1 b^2}{RT} \quad \text{(5.3절)}$$

$$\sigma_1 = \frac{M_x}{Z_x} + \frac{F_c}{A} = \frac{319.3 \times 10^6}{1300 \times 10^3} + \frac{113.2 \times 10^3}{85.5 \times 10^2} = 259 \text{ N/mm}^2$$

$$b = ½\,(B - t - 2r) = ½\,(189.9 - 8.5 - 2 \times 10.2) = 80.5\text{mm}$$

$$\sigma_2 = \frac{3 \times 259 \times 80.5^2}{40 \times 10^3 \times 12.7^2} = 9.9 \text{ N/mm}^2$$

식 6.1로부터 저감 설계강도 계산 (6.3.2절)

$$P_{\mathrm{yd}} = \left[P_{\mathrm{y}}^{2} - 3\left(\frac{\sigma_2}{2}\right)^2 - 3\tau^2 \right]^{0.5} - \frac{\sigma_2}{2}$$

(전단응력 τ는 무시)

$$P_{\mathrm{yd}} = \left[275^2 - 3\left(\frac{9.9}{2}\right)^2 \right]^{0.5} - \frac{9.9}{2} = 270\ \mathrm{N/mm^2}$$

9.4.9 단면 성능

BS5950-1의 4.8.3.2절에서 P_{yd}를 P_{y}로 대신하여 계산한다.

만족하는 관계식은 다음과 같다.

$$\frac{F_{\mathrm{c}}}{A_{\mathrm{g}} p_{\mathrm{yd}}} + \frac{M_x}{M_{\mathrm{c}x}} + \frac{M_{\mathrm{y}}}{M_{\mathrm{cy}}} < 1$$

부재는 적어도 2등급(콤팩트) $M_{\mathrm{c}x} = p_{\mathrm{yd}} S_x$

$$\frac{113.2 \times 10^3}{85.5 \times 10^2 \times 270} + \frac{319.3 \times 10^6}{1470 \times 10^3 \times 270} + 0 = 0.85, < 1 \qquad \mathrm{OK}$$

9.4.10 횡비틀림 좌굴

휨모멘트가 부재의 볼록한 면에 압축을 발생시켜 부재의 내력이 감소되기 때문에 도리 사이의 횡비틀림 좌굴은 반드시 검토되어야 한다.

9.4.11 유효세장비의 계산

$$\lambda_{\mathrm{LT}} = \sqrt{\frac{M_{\mathrm{c}x}}{M_{\mathrm{E}}} \frac{\pi^2 E}{p_{\mathrm{y}}}}$$

$$M_{\mathrm{E}} = \frac{-\dfrac{c}{R} + \sqrt{\left[\left(\dfrac{c}{R}\right)^2 + 4\left(\dfrac{\pi^2}{L^2} - \dfrac{1}{R^2}\right)ab\right]}}{2}$$

$$a = EI_{\mathrm{y}} = 205 \times 10^3 \times 1450 \times 10^4 = 2.97 \times 10^{12}\ \mathrm{Nmm^2}$$

$$b = GJ + \frac{\pi^2 EH}{L^2}$$

$$= \frac{205 \times 10^3 \times 37.1 \times 10^4}{2\,(1 + 0.3)} + \frac{\pi^2 \times 205 \times 10^3 \times 0.705 \times 10^{12}}{(1.656 \times 10^3)^2}$$

$$= 5.49 \times 10^{11}\ \text{Nmm}^2$$

$$c = a + b = 2.97 \times 10^{12} + 5.49 \times 10^{11} = 3.52 \times 10^{12}\ \text{Nmm}^2$$

그러므로 $M_E =$

$$\frac{-\dfrac{3.52 \times 10^{12}}{40 \times 10^3} + \sqrt{\left(\dfrac{3.52 \times 10^{12}}{40 \times 10^3}\right)^2 + 4\left(\dfrac{\pi^2}{1656^2} - \dfrac{1}{(40 \times 10^3)^2}\right) \times 2.97 \times 5.49 \times 10^{23}}}{2}$$

$$= 2.38 \times 10^9\ \text{Nmm}$$

$$M_E = 2380\ \text{kNm}$$

Then $\lambda_{LT} = \sqrt{\dfrac{270 \times 1470 \times 10^3}{2380 \times 10^6} \times \dfrac{\pi^2 \times 205 \times 10^3}{270}} = 35.4$

수정 유효 세장비는 이제 부재의 좌굴내력 계산에 사용된다.

9.4.12 횡비틀림 좌굴 내력

횡비틀림 좌굴 검토를 위해서는 5.5.2절과 4.8.3.3절을 참조 바란다. (5.5.2)

4.8.3.3.2(a)에서는 강축으로만 모멘트를 가지는 부재에 대한 두 개의 관계식을 다음과 같이 나타내고 있다. (4.8.3.3.2(a))

강축방향 면내좌굴:

$$\frac{F_c}{P_{cx}} + \frac{m_x M_x}{M_{cx}}\left(1 + 0.5\frac{F_c}{P_{cx}}\right) \le 1$$

면외좌굴:

$$\frac{F_c}{P_{cy}} + \frac{m_{LT} M_{LT}}{M_b} \le 1$$

첫 번째는 면내좌굴의 검토이다. 면내 안정성은 이미 횡변위 안정성

항목(5.5.4절)에서 검토되었으므로 두 번째 관계식(면외 영향과 관련된)만을 만족하면 된다.

근사적으로 P_{cx}, L_e(처마에서 정점까지) = 18.5m.

헌치가 없는 직선 부재일 경우:

$$\lambda_y = \frac{1656}{41.2} = 40, \quad \text{따라서} \quad p_{cy} = 245 \text{ N/mm}^2 \qquad (\text{표 } 24(b))$$

$$p_{cy} = A_g p_{cy} = 8550 \times 245 \times 10^{-3} = 2095 \text{ kN}$$

도리 사이의 길이를 초과하여, 모멘트는 상수로 간주한다.

그러므로, $m_{LT} = 1.0$ (표 18)

with $\lambda_{LT} = 35$, and $p_y = 275 \text{ N/mm}^2$, $p_b = 273 \text{ N/mm}^2$ (표 16)

$$M_b = p_b S_x = 273 \times 1470 \times 10^{-3} = 401 \text{ kNm}$$

그러므로 $\dfrac{F_c}{P_{cy}} + \dfrac{m_{LT} M_{LT}}{M_b}$

$$= \frac{113.2 \times 10^3}{2095 \times 10^3} + \frac{1.0 \times 319.3 \times 10^6}{401 \times 10^6} = 0.85, < 1 \qquad \text{OK}$$

부재는 B와 C 사이를 만족한다. 서까래 부재 A-B와 C-D의 서까래 부재 및 기둥은 직선 부재로 검토한다.

9.4.13 역 하중조건

아래와 같은 역 하중조건에서는, B-C영역은 지지점 사이의 직선부재로서 검토한다(일반적으로 도리에서부터 바닥플랜지까지의 브레이싱). A-B와 C-D영역에서 모멘트는 부재의 볼록한 면에 압축력을 발생시켜 부재의 성능을 감소시킨다.

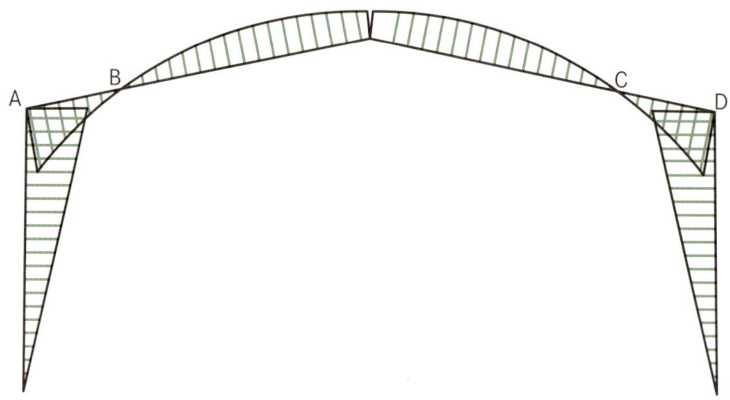

단면의 크기가 점차 변화하는 곡선부재의 검토 절차에 관한 규정은 마련되어 있지 않다. 이는 전형적인 프레임의 검토방법을 이용할 수 있으며, 검토결과는 중력하중조건에 비해 상당히 감소된 역 모멘트 하에서 헌치가 지지점(일반적으로 헌치의 양 단부) 사이에서 안정성을 가짐을 보일 수 있다. 의심스러울 경우 단면이 변화하는 부재는 직선부재로 간주하여 부재 성능을 계산하여야 하며, 이러한 경우 적절한 감소가 이루어진다. 내력의 감소는 헌치되지 않은 서까래에서와 같은 비율로 이루어진다.

본 사례에서의 프레임의 단면크기는 직선 서까래를 사용한 프레임과 같으며, 곡선 부재가 직선 부재보다 경제성이 저하되지 않음을 보여주었다. 내력 검토에서 최대 통합계수는 단지 0.85이지만, 서까래를 구성하는 다른 부분이 더 중요한 것으로 판단되기 때문에 더 작은 서까래를 선택할 수는 없다. 본 사례는 서까래에서 새깅 모멘트와 관련된 부분만을 검토하였다. 호깅 영역과 기둥에 대한 검토가 반드시 이루어져야 한다.

9.5 타원형 부재

본 사례는 지상 보행자 통로나 그와 비슷한 구조물에 설치되는 외장재를 지지하는 타원형의 곡선부재의 설계에 대하여 설명하고 있다.

이러한 경우 비교적 작은 프레임을 가지며, 철골 단면을 선택함에 있어 사용한계상태와 미려한 외관에 대한 요구조건이 임계값이 될 수 있음을 설명하고 있다. 그럼에도 불구하고 본 사례에서는 더욱 큰 하중이 작용하는 프레임에서 임계값이 될 수 있는 극한한계상태 설계절차에 따라 설명한다.

본 사례에서 프레임 단면의 크기를 결정할 경우, 실제로는 강관이 사용될 것이다.

초기 해석결과에 따르면 적당한 크기의 강관은 횡비틀림좌굴을 고려하지 않아도 되나, 단면 계산과정을 설명하기 위하여 작은 단면의 I형강을 선택하였다.

9.5.1 기하학적 구조

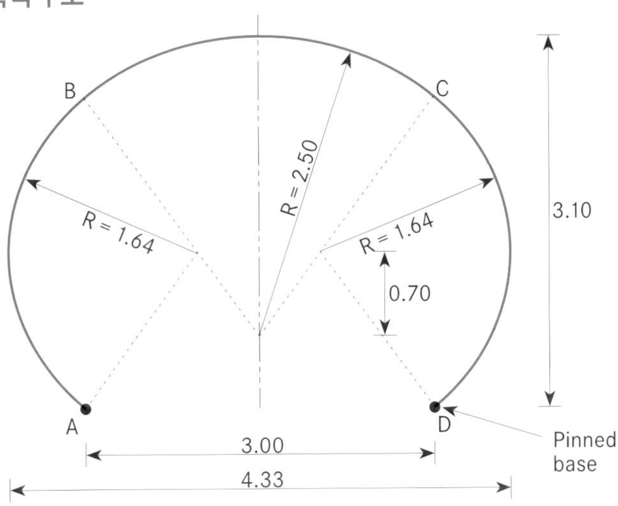

타원형 부재는 실제 타원에서 볼 수 있는 반지름의 연속적인 변화를 고려하지 않고 타원 형태를 형성하는 3점 원을 이용하여 시공된다. 실제로 이 방법이 반지름의 연속적 변화를 고려하는 것보다 경제적이다.

도리는 테두리 수변 1m 지점마다 횡지지대를 설치한다.

9.5.2 해석

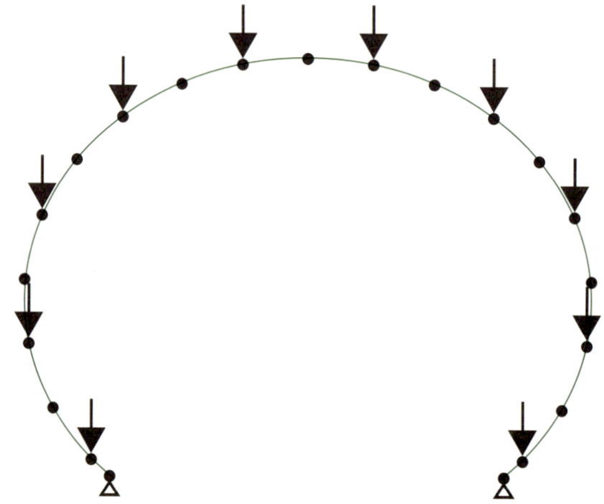

해석 모델과 1차 하중조건은 아래와 같다. 점하중은 도리가 위치한 곳에 작용된다; 모델은 도리간 중간지점마다 추가 절점을 가진다.

다른 하중조건도 검토되어야 함을 유의바란다.

탄성해석으로 얻어지는 휨모멘트도는 아래와 같다.

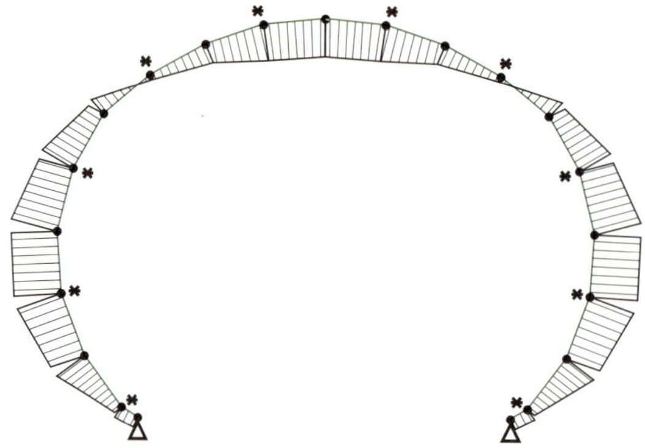

• = 해석에 사용된 절점

* = 도리의 위치

A-B와 C-D사이에서 휨은 부재의 오목한 면에 압축력을 발생시킨다. 이 영역에서는 부재를 직선인 것으로 간주하여 검토한다.

B와 C사이에서 휨은 부재의 볼록한 면에 압축력을 발생시켜 횡비틀림좌굴에 대한 내력을 감소시킨다. 아래의 계산식은 이 영역에서의 설계 검토과정을 나타내고 있다.

B와C사이의 부재(볼록한 면이 압축)

Design – try 152 × 89 × 16 UB, S275

D	= 152.4 mm	Z_x	= 109 cm^3
B	= 88.7 mm	Z_y	= 20.2 cm^3
t	= 4.5 mm	S_x	= 123 cm^3
T	= 7.7 mm	I_y	= 89.8 cm^4
r	= 7.6 mm	r_x	= 6.41 cm
A	= 20.3 cm^2	r_y	= 2.10 cm
J	= 3.56 cm^4	H	= 0.0047 dm^6

B와 C사이에서 (동시에 발생하는)모멘트와 축방향 압축력, 전단력의 최대값은:

$M_x = 11.4\text{kNm}$
$F_c = 1.6\text{kN}$
$F_v = 5\text{kN}$

면외 휨응력은 6.3.2절의 절차에 따라 저감설계응력을 구하기 위해 계산하여 사용한다.

면외 휨응력 $\sigma_2 = \dfrac{3\sigma_1 b^2}{RT}$ (5.5절)

직접응력 $\sigma_1 = \dfrac{M_x}{Z_x} + \dfrac{F_c}{A} = \dfrac{11.4 \times 10^6}{109 \times 10^3} + \dfrac{1.6 \times 10^3}{20.3 \times 10^2}$

$= 105\ \text{N/mm}^2$

$b = ½\,(B - t - 2r) = ½\,(88.7 - 4.5 - 2 \times 7.6) = 34.5\text{mm}$

$$\sigma_2 = \frac{3 \times 105 \times 34.5^2}{2500 \times 7.7^2} = 19.5\ \text{N/mm}^2$$

식 6.1로부터 저감설계강도는 다음과 같이 계산된다. (6.3.2절)

$$P_{yd} = \left[P_y^{\ 2} - 3\left(\frac{\sigma_2}{2}\right)^2 - 3\tau^2 \right]^{0.5} - \frac{\sigma_2}{2}$$

$$P_{yd} = \left[275^2 - 3\left(\frac{19.5}{2}\right)^2 \right]^{0.5} - \frac{19.5}{2}$$

$$P_{yd} = 265 \text{ N/mm}^2$$

9.5.3 단면성능

부재는 세장하지 않다. (SCI P202)

만족해야 하는 관계식은:

$$\frac{F_c}{A_g p_{yd}} + \frac{M_x}{M_{cx}} + \frac{M_y}{M_{cy}} \le 1 \qquad (4.8.3.2)$$

$$\frac{1.6 \times 10^3}{20.3 \times 10^2 \times 265} + \frac{11.4 \times 10^6}{123 \times 10^3 \times 265} + 0 = 0.35, < 1 \qquad \text{OK}$$

위 방정식에서 설계항복응력이 사용되었음에 주의하라.

9.5.4 부재 좌굴내력

면외좌굴응력은 I형 단면의 횡좌굴내력에 영향을 미치지 않으므로, p_y는 횡좌굴과횡비틀림좌굴 검토를 통해 275N/mm²이 된다. 저감설계응력 265N/mm²은 강축 좌굴항으로 사용된다.

두 관계식은 반드시 만족한다. 첫째로: (4.8.3.3)

$$\frac{F_c}{P_c} + \frac{m_x M_x}{p_y Z_x} + \frac{m_y M_y}{p_y Z_y} \le 1$$

P_c는 P_{cx}와 P_{cy}중 작은 값이다. 약축에서는 중심에서 1m지점마다 지지점이 설치된다. 강축에서 유효길이는 반곡점간의 거리인 3.95m(상세해석의 결과)를 사용한다.

$$\text{For } P_{cx}, \lambda = \frac{3950}{64.1} = 62$$

with $\lambda = 62$, 표 24(1)을 이용하면, $p_c = 236\ \text{N/mm}^2$ (표 23, 표 24(1))

$$\text{For } P_{cy}, \lambda = \frac{1000}{21.0} = 48 \qquad \text{(표 23, 표 24(3))}$$

with $\lambda = 48$, 표 24(3)을 이용하면, $p_c = 239\ \text{N/mm}^2$

$$P_{cx} = 236 \times 2030 \times 10^{-3} = 479\ \text{kN}$$
$$P_{cy} = 239 \times 2030 \times 10^{-3} = 485\ \text{kN}$$

간단하게 하기 위해 m_x를 1.0으로 두면,

$$\frac{F_c}{P_c} + \frac{m_x M_x}{p_y Z_x} = \frac{1.6}{479} + \frac{11.4 \times 10^6}{265 \times 109 \times 10^3} = 0.4, < 1 \quad \text{OK}$$

만족해야 하는 두 번째 관계식은 다음과 같다.

$$\frac{F_c}{P_{cy}} + \frac{m_{LT} M_{LT}}{M_b} + \frac{m_y M_y}{p_y Z_y} \le 1$$

횡비틀림좌굴 내력모멘트는 탄성 임계좌굴모멘트 M_E로부터 얻은 수정세장비 λ_{LT}를 이용하여 계산된다.(6.5.3절)

$$a = EI_y = 205 \times 10^3 \times 89.8 \times 10^4 = 1.84 \times 10^{11}\ \text{Nmm}^2$$

$$b = GJ + \frac{\pi^2 EH}{L^2}$$

$$= \frac{205 \times 10^3 \times 3.56 \times 10^4}{2\,(1 + 0.3)} + \frac{\pi^2 \times 205 \times 10^3 \times 0.0047 \times 10^{12}}{(1.0 \times 10^3)^2}$$

$$= 1.23 \times 10^{10}\ \text{Nmm}^2$$

$$c = a + b = 1.96 \times 10^{11}\ \text{Nmm}^2$$

$$\frac{-c}{R} = \frac{1.96 \times 10^{11}}{2500} = -78.4 \times 10^6 \text{ Nmm}^2$$

휨에 의한 압축력이 볼록한 면에 작용하므로, R이 양수임에 주의바란다.

그러면 $$M_E = \frac{\frac{-c}{R} + \sqrt{\left[\left(\frac{c}{R}\right)^2 + 4\left(\frac{\pi^2}{L^2} - \frac{1}{R^2}\right) ab\right]}}{2}$$

$$\frac{-78.4 \times 10^6 + \sqrt{\left[(78.4 \times 10^6)^2 + 4\left(\frac{\pi^2}{1000^2} - \frac{1}{2500^2}\right) \times 1.84 \times 1.23 \times 10^{21}\right]}}{2 \times 10^6}$$

$M_E = 114$ kNm

then $\lambda_{LT} = \sqrt{\dfrac{M_{cx} \times \pi^2 \times E}{M_E p_y}}$

$M_{cx} = 265 \times 123 \times 10^{-3}$

$$\lambda_{LT} = \sqrt{\frac{32.6 \times 10^6 \times \pi^2 \times 205 \times 10^3}{114 \times 10^6 \times 275}} = 45.9$$

Given $\lambda = 45.9$ and $p_y = 275$ N/mm², $p_b = 248$ N/mm²

(4.3.6.5, 표 16)

$M_{cx} = p_b S_x = 248 \times 123 \times 10^{-3} = 30.5$ kNm

간단하게 하기 위해 m_{LT}를 1.0으로 두면

$$\frac{F_c}{p_{cy}} + \frac{m_{LT} M_{LT}}{m_b} + \frac{m_y M_y}{p_y Z_y} = \frac{1.6}{485} + \frac{1.0 \times 11.4 \times 10^6}{30.5 \times 10^6} = 0.38, < 1 \quad \text{OK}$$

본 사례의 소개에서 설명한 바와 같이, 이 단면은 극한한계상태에서 지나치게 보수적임을 알 수 있다. 이는 계산과정을 증명하기 위해 I형 부재가 사용되었기 때문이다. 그러나 실제로는 사용성과 미적인 아름다움을 모두 고려하여 부재단면을 선택하게 된다.

9.6 곡선 발코니 부재

본 사례는 수평 곡선부재의 설계법을 설명하고 있다.

이 방식으로 설계된 부재는 설계를 복잡하게 할 수 있는 수직 휨모멘트와 비틀림을 받는다. 본 사례는 I형강과 각형강관의 설계법을 설명한다. 강관은 높은 비틀림 강성을 가지고 있으므로 일반적으로 이러한 조건에서 사용하도록 권장한다. 해석 프로그램을 사용할 경우 프로그램에 저장되어있는 초기설정 값에 세심한 주의를 기울여야 하며, 지지대의 고정도나 프로그램의 뒤틀림응력에 대한 지원여부에 특별한 주의를 기울여야 한다.

9.6.1 기하학적 구조

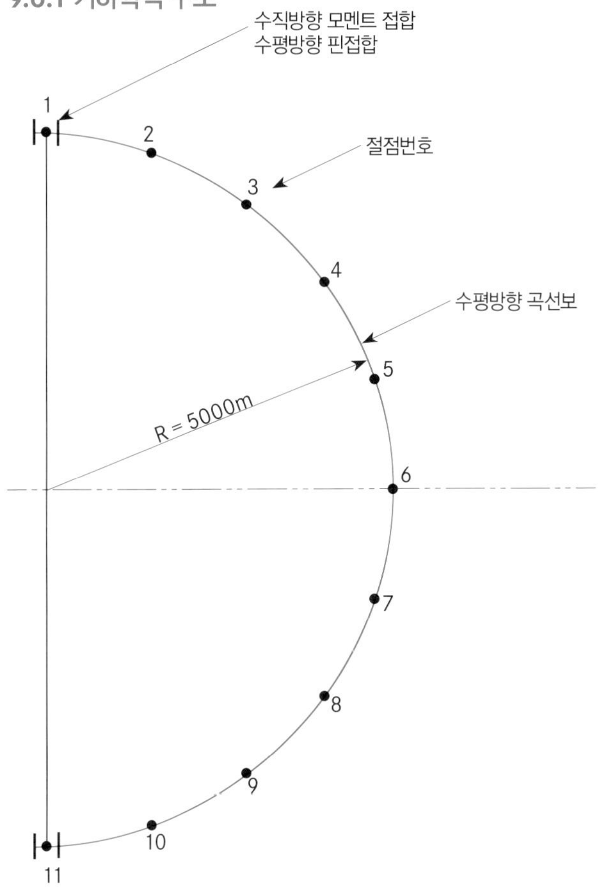

평면

9.6.2 I형강 설계

설계절차는 휨모멘트와 전단력, 축하중을 결정하기 위해, 외부 작용하중 하에서 구조물을 해석하는 것으로부터 시작한다. 수직 휨모멘트는 수평방향 굴곡으로 인하여 방사형의 상부 플랜지에 압축을 발생시킨다. 방사형 힘은 플랜지에 수평방향의 휨모멘트를 발생시킨다.

주압축플랜지는 이러한 조합력 하에서 단면내력과 좌굴성능을 검토하는데 사용된다.

9.6.3 수직 휨모멘트

곡선부재는 같은 크기의 직선요소 10개로 분할되고 수직방향의 등분포하중이 재하된다. 휨모멘트도는 아래와 같다.

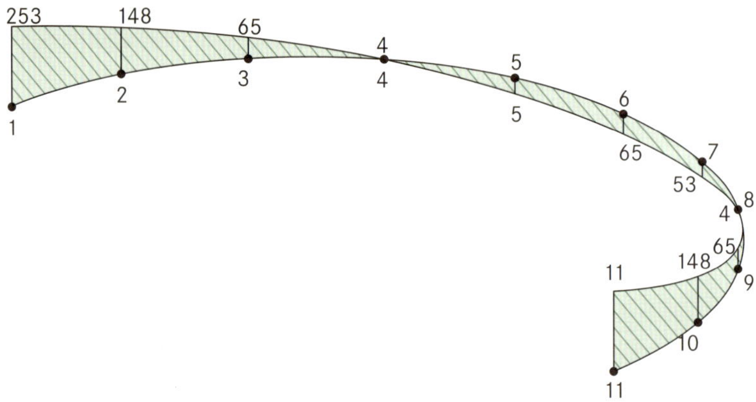

최대 모멘트: $M_x = 253$kNm

최대 축력: 25.6kN

각 절점에서, 수직 휨모멘트는 가정된 플랜지 중심간 길이로 나누어진 등가의 플랜지 작용력으로 전환된다. 수평방향 굴곡으로 인해 이러한 플랜지 힘은 플랜지가 인장을 받는 곳에서는 안쪽 방향의, 플랜지가 압축을 받는 곳에서는 바깥쪽 방향의 방사형 성분을 가진다. 이 방사형 성분(N/m)은 플랜지 작용력을 반지름 R로 나누어 계산할 수 있다.

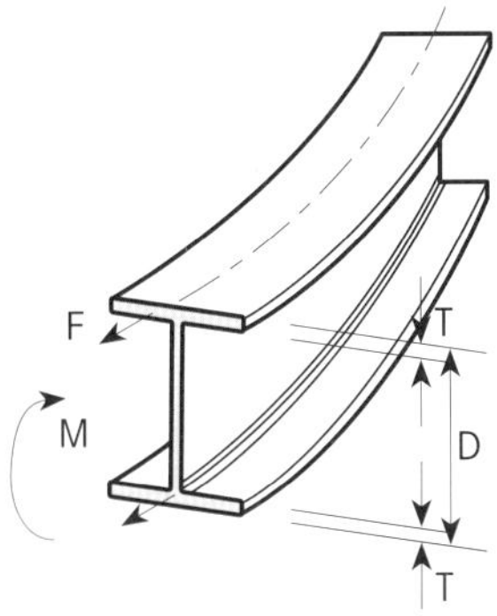

등가 플랜지 작용력

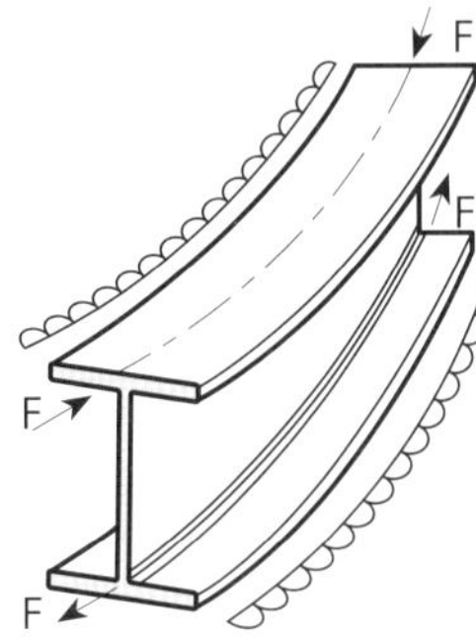

플랜지 작용력의 방사형 성분

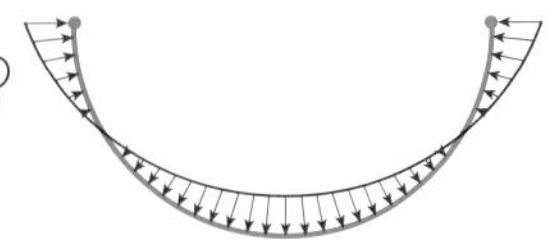
상부 플랜지의 방사형 하중

본 사례에서 플랜지 중심간의 높이는 500mm로 가정되었다. 방사형 힘은 각 절점에서 계산되었으며, 절점 사이에서 선형으로 변하는 것으로 가정되었다. 이러한 시스템의 방사형 하중은 보에 수평적으로 작용하여 아래와 같은 수평 휨모멘트도를 나타내었다. 곡선 부재의 단부는 수평방향으로 핀접합된 것으로 가정되었다.

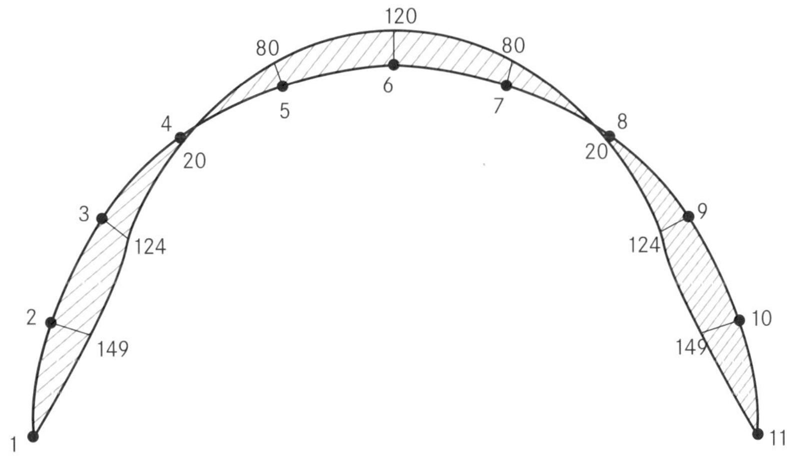

압축플랜지의 최대 수평휨모멘트: M_{yef} = 149kNm

수직하중에 의해 플랜지에 발생된 축방향력 F와 플랜지 중심간 높이 D_b로부터 $F \times D_b$에 의해 휨모멘트가 증가됨을 알 수 있다. 축방향력의 방사형 성분은 수직 휨모멘트가 무시될 만큼 작다는 가정 하에 산출되었다.

따라서 같은 지점에서 작용하는 것으로 가정된 최대모멘트는 다음과 같다.

M_H = 149 kNm
M_V = 253 + (25.6 × 0.5) = 265.8 kNm

9.6.4 보 설계

Try 838 × 292 × 226 UB, S275

D	= 850.9 mm	$\frac{b}{T}$	= 5.48
T	= 26.8 mm	r_y	= 6.27 cm
Z_x	= 7990 cm^3	Z_y	= 773 cm^3

9.6.5 부재 분류

8.6절에서 설명한 바와 같이 수평방향 플랜지를 가지는 부재의 단면분류는 직선부재보다 어렵다.

8.6의 지침에 따라

$$\frac{b}{T} = 5.48, < 8.5\varepsilon$$

만족

8.8.1에서 추가 설명한 바와 같이 모멘트성능 M_{cx}는 탄성 성능 p_yZ로 제한된다.

T = 26.8 mm, 그러므로 p_y = 265 N/mm^2 (표 9)

9.6.6 압축플랜지 단면성능 (8.8.3절)

플랜지의 단면성능은 4.8.3.2절을 참조하여 검토할 수 있다. 플랜지가 수평 휨 모멘트에 저항하기 때문에 단축 휨성능은 단일 플랜지의 약축 휨성능으로 주어진다. 단순화를 위해 플랜지의 탄성계수 Z_{yef}를 부재단면 전체 약축 탄성계수의 절반으로 하였다.

따라서 $Z_{yef} = 0.5Z_y = 0.5 \times 773 = 386.5$ cm^3

그러면 $$\frac{F_c}{A_g p_y} + \frac{M_x}{M_{cx}} + \frac{M_{ycf}}{p_y Z_{ycf}} \leq 1$$ (8.8.3절)

$$= 0 + \frac{265.8 \times 10^6}{265 \times 7990 \times 10^3} + \frac{149 \times 10^6}{265 \times 386.5 \times 10^3} = 1.58, > 1$$

부적합

여기서 단면의 부적합은 플랜지의 수평휨 때문에 발생한다. 수평 휨모멘트는 플랜지 작용력을 결정하기 위해 보다 정확한 부재 높이를 사용함으로써 감소시킬 수 있다.

플랜지 중심간 깊이 = 850.9 – 26.8 = 824 mm

수평 휨 M_{ycf}는 실제 깊이의 비로 감소될 수 있으며, 이 때의 M_{ycf}는

$$M_{ycf} = 149 \times \frac{500}{824} = 90.4 \text{ kNm}$$

and $$M_v = 253 + (25.6 \times 0.824) = 274.1 \text{ kNm}$$

수정된 단면의 검토

$$0 + \frac{274.1 \times 10^6}{265 \times 7990 \times 10^3} + \frac{90.4 \times 10^6}{265 \times 386.5 \times 10^3} = 1.01$$

(검도과정에서 유리한 비틀림 내력을 무시하였기 때문에 허용 됨)

9.6.7 좌굴검토

수평좌굴에 대한 유효길이는 곡선의 전개길이의 절반으로 한다. (6.4.2절)

$$L_E = ½\pi \times 5000 = 7854 \text{ mm}$$

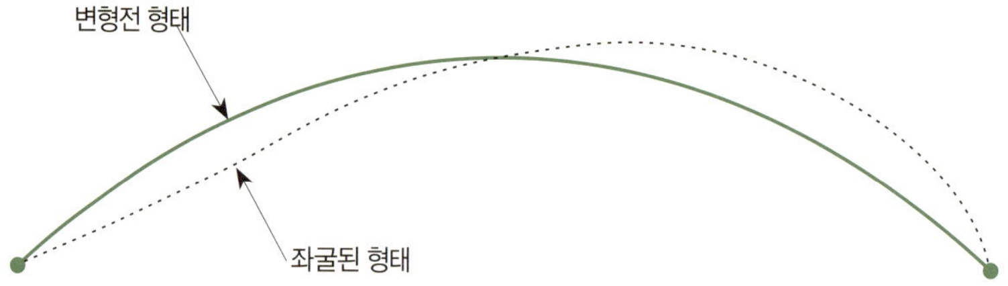

만족해야 하는 첫번째 방정식(8.8.4)은

$$\frac{F_c}{P_c} + \frac{m_x M_x}{p_y Z_x} + \frac{m_y M_{ycf}}{p_y Z_{ycf}} \leq 1$$

m_x는 일반적인 지지대간 전개길이로 결정한다.

m_x의 계산:

M_1	$= -253$ kNm	M_2	$= -34.5$ kNm
M_3	$= 65$ kNm	M_4	$= -34.5$ kNm
M_5	$= -253$ kNm	M_{max}	$= 253$ kNm
M_{24}	$= 65$ kNm		

$$m_x = 0.2 + \frac{(0.1 \times -34.5) + (0.6 \times 65) + (0.1 \times -34.5)}{253}$$

$$= 0.33 \qquad (4.3.6.2)$$

그러나 $m_x \geq \frac{0.8M_{24}}{M_{max}} = \frac{0.8 \times 65}{253} = 0.21$

$m_x = 0.33$

m_x는 지지대와 곡선의 중심점 사이에서 좌굴된 길이로 결정된다. 양 지지대가 모두 고정되어 있기 때문에 좌굴 형상(이전 그림 참조)은 중심점에서 반곡점을 가지며, 약축 방향에서 지지점으로 거동한다.

모멘트가 계수 $\frac{0.5}{0.824}$에 의해 앞에서 구한 값보다 감소되었음에 유의바란다.

휨모멘트도 – 인장측에 표시됨

$M_1 = 0$

$M_2 = 143 \times 0.5 / 0.824 = 86.8$ kNm

$M_3 = 72 \times 0.5 / 0.824 = 43.7$ kNm

$M_4 = -55 \times 0.5 / 0.824 = -33.4$ kNm

$M_5 = -120 \times 0.5 / 0.824 = -72.8$ kNm

$M_{max} = 149 \times 0.5 / 0.824 = 90.4$ kNm

$M_{24} = 86.8$ kNm

$$m_y = 0.2 + \frac{(0.1 \times 86.8) + (0.6 \times 43.7) + (0.1 \times -33.4)}{86.8}$$

$$= 0.56$$

$$m_y \geq \frac{0.8M_{24}}{M_{max}} = \frac{0.8 \times 86.8}{90.4} = 0.77$$

$$m_y = 0.77$$

그러면 $\dfrac{F_c}{P_c} + \dfrac{m_x M_v}{p_y Z_x} + \dfrac{m_y M_{ycf}}{p_y Z_{ycf}}$

$$= 0 + \frac{0.33 \times 253 \times 10^6}{265 \times 7990 \times 10^3} + \frac{0.77 \times 90.4 \times 10^6}{265 \times 386.5 \times 10^3} = 0.72, < 1 \qquad \text{OK}$$

만족해야 하는 두 번째 방정식(8.84절)은

$$\frac{F_c}{P_{cy}} + \frac{m_{LT} M_{LT}}{M_b} + \frac{m_y M_{ycf}}{p_y Z_{ycf}} \leq 1$$

부재는 웨브 평면방향의 굴곡을 가지고 있지 않으므로, M_b는 직선부재로 계산된다.

For M_b, $\lambda_{LT} = uv\lambda\sqrt{\beta_w}$ (4.3.6.7)

$\lambda = L_E / r_y = 7854 / 62.7 = 125$

간단하게 하기 위해 uv를 0.9로 $\beta_w = 1$로 둔다.

$\lambda_{LT} = 0.9 \times 125 \times 1 = 112.5$

Then $p_b = 104$ N/mm^2 (표 16)

9.6.8 횡비틀림좌굴 내력

곡선의 중심점에서의 M_b는 지지대로부터 유효지지점까지의 전개길이로 주어지는 지지점간 거리에 따라 달라진다.

for m_{LT}, (표 18)

M_1	= 253 kNm	M_2	= 127 kNm
M_3	= 34.5 kNm	M_4	= 39 kNm
M_5	= 65 kNm	M_{max}	= 253 kNm

$$m_{LT} = 0.2 + \frac{(0.15 \times 127) + (0.5 \times 34.5) + (0.15 \times 23)}{253}$$

$$= 0.36$$

그러나 0.44보다 크지 않으므로 $m_{LT} = 0.44$

M_y는 변화없이 = 0.77

그러면

$$\frac{F_c}{P_{cy}} + \frac{m_{LT}M_{LT}}{M_b} + \frac{m_y M_{ycf}}{p_y Z_{ycf}} \leq 1$$

$$= 0 + \frac{0.44 \times 274.1 \times 10^6}{104 \times 7990 \times 10^3} + \frac{0.77 \times 90.4 \times 10^6}{265 \times 386.5 \times 10^3} = 0.82, < 1 \qquad \text{OK}$$

9.6.9 강관설계

비교를 위하여 300×200×12.5의 각형강관 부재 S355가 기존 설계법에 따른 I형강의 대응안으로써 검토된다.

수평방향 곡선 강관의 설계절차는 I형강과 상당한 차이가 있다.

기존 계산법에 따른 I형강은 주로 뒤틀림에 의한 회전에 저항하므로, 플랜지는 유도된 수평력을 기준으로 설계된다. 강관의 회전강성은 뒤틀림 응력을 고려하지 않는다. 비틀림의 영향은 비틀림에 의한 전단응력과 외부하중에 의한 전단력, 저감설계강도 p_{yd}를 계산하여 확인할 수 있다.

외부에서 작용하는 수평하중이나 모멘트가 없더라도, 단축의 휨을 고려할 필요는 없다. 그러므로 이러한 강관은 개단면보다 설계가 훨씬 간편하다.

단면특성 (SCI P202)

A	$= 117\ \text{cm}^2$	Z_x	$= 952\ \text{cm}^3$
D	$= 300\ \text{mm}$	r_y	$= 8.02\ \text{cm}$
B	$= 200\ \text{mm}$	C	$= 1220\ \text{cm}^3$

8.7.2절에서 설명한 바와 같이, 전단과 비틀림은 감소설계항복강도 p_{yd}를 계산하여 고려한다.

해석값으로부터 최대전단력은 다음과 같이 나타난다.
$F_v = 77.6\text{kN}$

해석값에 의한 최대회전력은 37.6kNm이다.

$$\text{전단응력} = \frac{77.6 \times 10^3}{AD/(D+B)} \qquad \text{(표 16)}$$
$$= \frac{77.6 \times 10^3}{(117 \times 10^2 \times 300)/(300+200)} = 11.1\ \text{N/mm}^2$$
$$\text{비틀림응력} = \frac{37.6 \times 10^6}{C} = \frac{37.6 \times 10^6}{1220 \times 10^3} = 30.8\ \text{N/mm}^2$$

그러면 전단과 비틀림 응력의 합은 다음과 같이 나타난다.
$\tau = 11.1 + 30.8 = 41.9\ \text{N/mm}^2$

외부재하된 수평모멘트가 없기 때문에 $\sigma_2 = 0$이다.

$$p_{yd} = (p_y^2 - 3\tau^2)^{0.5} \qquad \text{(8.7.2절)}$$
$$= [355^2 - 3(41.9)^2]^{0.5} = 347.5\ \text{N/mm}^2$$

9.6.10 단면성능 (8.7.4절)

$$\frac{F_c}{A_g p_{yd}} + \frac{M_x}{M_{cx}} + \frac{M_y}{M_{cy}} \le 1$$

그러나 작용된 외부축력이 없으므로 $F_c = 0$이고, 작용된 외부 단축모멘트가 없으므로 $M_y = 0$이다.

M_{cx}는 저감 설계강도 p_{yd}를 사용한 탄성모멘트이다. (6.3.1절)

그러므로 $$0 + \frac{265.8 \times 10^6}{347.5 \times 952 \times 10^3} + 0 = 0.80, < 1 \quad \text{OK}$$

9.6.11 압축측 좌굴 (8.7.5절)

두 개의 방정식이 만족되어야 한다. 첫째:

$$\frac{F_c}{P_c} + \frac{m_x M_x}{p_{yd} Z_x} + \frac{m_y M_y}{p_y Z_y} \leq 1$$

작용된 외부 축하중과 단축모멘트가 없으므로 F_c와 M_y는 모두 0이다.

M_x(I형강과 동일) = 0.33

그러므로 $$\frac{m_x M_x}{p_{yd} Z_x} = \frac{0.33 \times 265.8 \times 10^6}{347.5 \times 952 \times 10^3} = 0.27, < 1 \quad \text{OK}$$

만족해야 하는 두번째 방정식은:

$$\frac{F}{P_{cy}} + \frac{m_{LT} M_{LT}}{M_b} + \frac{m_y M_y}{p_y Z_y} < 1$$

각형강관에 대하여 $D / B = 300/200 = 1.5$ (4.3.6.1)

그러면 L_E/r_y의 극한값 $= 515\,(275 / 355) = 399$ (표 15)

$L_E / r_y = 7854 / 80.2 = 98, < 399$

그러므로, $M_b = M_{cx}$

m_{LT}(I형강과 동일) = 0.44

그러므로 $$\frac{m_{LT} M_{LT}}{M_b} = \frac{0.44 \times 265.8 \times 10^6}{347.5 \times 952 \times 10^3} = 0.35, < 1 \quad \text{OK}$$

통합된 단면성능 검증법으로 사용계수 0.8을 얻었으므로, 이 강관은 극한한계상태 설계법에 적합한 선택이라고 할 수 있다.

그러나 부재 무게의 대비(226 kg/m의 I형강과 91.9 kg/m의 강관)는 부재가 휨과 비틀림의 조합력을 받을 때 I형강보다 폐단면이 적합함을 증명하고 있다.

설계자는 사용한계상태 설계가 주로 수평 곡선부재의 설계에 유효하다는 것에 주의하기 바란다.

CHAPTER 10

참고문헌

1. BRITISH STANDARDS INSTITUTION
BS 5950: Structural use of steelwork in building
BS 5950-1: 2000 Code of practice for design: rolled and welded sections
BSI, 2001

2. BRITISH STANDARDS INSTITUTION
BS 5500: Specification for unfired fusion welded pressure vessels (Withdrawn)
BSI, 1997

3. PACKER, J.A. and HENDERSON, J.E.
Hollow structural sections; Connections and trusses
Canadian Institute of Steel Construction, 1997

4. DEUTSCHES INSTITUT FÜR NORMUNG
DIN 18 800, Part 2
Structural steelwork –analysis of safety against buckling of linear members and frames (1996 Amendment)
DIN, 1996

5. GALAMBOS, T.V. (Editor)
Guide to stability design criteria for metal structures, Fifth edition
John Wiley & Sons Inc., 1998

6. THE STEEL CONSTRUCTION INSTITUTE AND THE BRITISH CONSTRUCTIONAL STEELWORK ASSOCIATION
Steelwork design guide to BS 5950-1:2000 Volume 1: Section properties and member capacities, 6th Edition (SCI P202)
The Steel Construction Institute, 2001

7. KING, C.M.
In-plane stability of portal frames to BS 5950-1:2000
The Steel Construction Institute, 2001

8. VACHARAJITTIPHAN, P. and TRAHAIR, N.S.
Flexural-torsional buckling of curved members
ASCE, Journal of the Structural Division, June 1975

9. TIMOSHENKO, S.P.
Theory of elastic stability
McGraw Hill, 1961

10. BAKER, J.
The steel skeleton, Volume 2. Plastic behaviour and design
Cambridge University Press, 1965

11. TRAHAIR, N.S.
Flexural-torsional buckling of structures
E & FN Spon, 1993

CHAPTER 11

부록 A 곡선보의 횡비틀림좌굴

A.1 개요

BS 5950-1:2000에 따르면 탄성임계좌굴응력 p_E는 세장비 λ_{LT}를 구하기 위해 사용되며, 휨응력 P_b의 적절한 값을 제시한다.

BS 5950-1은 무응력 상태에서 부재가 직선임을 전제로 하므로 본 간행물에서는 6.5.3에서 제시한 바와 같이 휨모멘트와 평행한 곡선을 가지는 보의 λ_{LT} 계산식을 제시한다.

볼록한 면의 플랜지에 압축력을 가하는 휨모멘트에 저항하는 곡선부재는 직선부재보다 불안정하므로 λ_{LT} 는 6.5.3절과 같이 수정되어야 한다.

오목한 면의 플랜지에 압축력을 가하는 휨모멘트에 저항하는 곡선부재는 횡비틀림안정성에 대한 저항력 측면에서 직선부재보다 안정하다. 그러나 더 많은 연구와 실험이 이루어지기 전까지는 직선부재와 동일한 값을 사용할 것을 권장한다:

(i) 웨브에 발생하는 방사형 압축

압축을 받는 내부 플랜지는 방사형의 외향 방향의 힘에 저항하고 인장을 받는 외부 플랜지는 방사형의 내향 방향의 힘에 저항하기 때문에 웨브에 방사형 압축력이 작용한다. 탄성 임계좌굴모멘트를 구하기 위한 기존의 방법에서는 부재의 안정성을 감소시킬 것으로 판단되는 이러한 압축력을 고려하지 않고 있다. 반대 방향의 휨모멘트를 받는 부재에서는 웨브가 방사형 인장력을 받으며 이는 부재를 불안정하게 하지 않는다.

(ii) p_b와 λ_{LT}의 좌굴응력관계 곡선

좌굴곡선의 형태는 기준에서 하나의 식으로 표현되어 있으나, 이 식은 기본적으로 실험결과에서 얻어진 것이다. 일반적인 형태는 그림 A.1에 나타내었으며 이는 세 가지 형태로 나뉜다.

· 세장비가 작을 때 p_b는 p_y에서 일정하게 된다.
· 세장비가 중간일 때 p_b는 p_y와 탄성임계좌굴응력 p_E보다 낮다.
· 세장비가 클 때 p_b는 탄성임계좌굴응력 p_E에 근접한다.

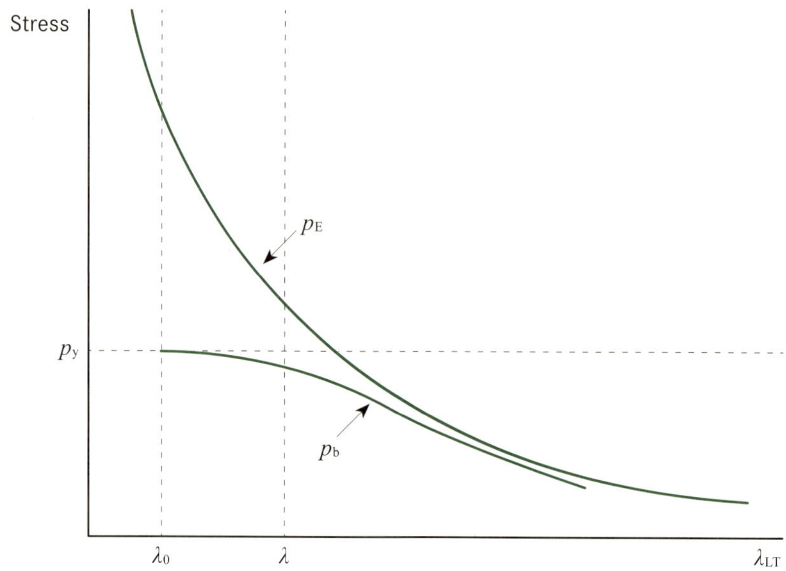

【그림 A.1】 좌굴응력 곡선, P_b

p_b가 일정한 구간에서 실제 부재의 탄소성 거동은 잔류응력 등에 의해 매우 복잡하기 때문에 p_b 는 실험결과에 크게 의존한다. 이 구간에서 플랜지는 소성화되므로 수평방향 휨강성은 0에 가깝게 감소된다. 따라서 곡선보의 횡비틀림 내력은 곡률에 의한 영향으로 탄성임계좌굴이론에 의해 예상된 것보다 낮아진다. 직선부재의 좌굴내력을 검증하기 위한 실험이 많은 반면 곡선부재에 대한 실험은 거의 이루어지지 않았다. 따라서 곡선부재에서 p_b 와 λ_{LT} 의 관계식에 대한 더 많은 연구가 이루어지기 전까지는 곡률의 영향을 이용하여 안정성을 증가시키는 방법은 바람직하다고 할 수 없다.

A.2 M_E 의 유도

A.2.1 개요

6.5.3절에 제시된 M_E 에 관한 식은 수많은 연구자[8,9,10] 에 의해 유도되었다. 이 중 두 가지가 다음에 제시되어 있다. Trahair[11]에 의한 연구는 곡선부재에 대하여 보다 일반적인 해를 제시하고 있다. 다소 다른 형태의 해법이나 본문의 적용범위에서 큰 차이가 없다. 첫 번째 연구에서 유도된 식은 “Flexural-torsional buckling of curved members[8] (곡선부재의 휨-비틀림 좌굴)”이나 “Theory of Elastic stability[9] (탄성 안정론)” 같은 참고문헌을 통해 설계사무

소 등에서 쉽게 접할 수 있어 많이 사용되고 있다.

A.2.1.1 Vacharajittiphan의 연구와 Trahair의 연구
"곡선부재의 휨–비틀림 좌굴"에 대한 27식, 28식과 같다:

$$M_c = \left(\frac{EI_y + \gamma GJ}{2R}\right) \pm \sqrt{\left(\frac{EI_y + \gamma GJ}{2R}\right)^2 + \left(\frac{\pi^2}{L^2} - \frac{1}{R^2}\right) EI_y \gamma GJ}$$

여기서

$$\gamma = \left(1 + \frac{\pi^2 EI_w}{GJL^2}\right)$$

$$\therefore \gamma GJ = \left(1 + \frac{\pi^2 EI_w}{GJL^2}\right) GJ = GJ + \frac{\pi^2 EI_w}{L^2}$$

위 식에서는 양수 R을 본문과 반대부호로 사용한다. 여기서의 양수 R은 바깥 플랜지에 가해지는 압축력을 의미한다.

6.5.3절에 정의된:

$$a = EI_y$$

$$b = GJ + \frac{\pi^2 EI}{L^2} = GJ + \frac{\pi^2 EI_w}{L^2}$$

$$c = a + b$$

M_E = 탄성임계좌굴모멘트

6.5.3절의 형대로 방정식 27을 변환하면

$$M_E = -\frac{c}{2R} \pm \sqrt{\left(-\frac{c}{2R}\right)^2 + \left(\frac{\pi^2}{L^2} - \frac{1}{R^2}\right) ab}$$

양수의 답만을 사용한다(M_E 의 음수값은 무용해).

$$M_E = \frac{-\frac{c}{R} \pm \sqrt{\left(-\frac{c}{R}\right)^2 + 4\left(\frac{\pi^2}{L^2} - \frac{1}{R^2}\right) ab}}{2} \quad \text{(6.5.3절)}$$

A.2.2 Timoshenko의 연구와 Gere의 연구
"탄성 안정론", 제 2판, 7.10조, 313페이지:

Timoshenko의 공식은 비틀림 강성 항에 C를 사용한다. 앞에서 정의한 바와 같이 C는 수직방향 곡면을 가지는 얇은 띠판 형태의 부재로 고려하므로 뒤틀림 강성을 가지지 않는다. 이를 일반 구조부재에 사용하기 위해서는 비틀림 강성이 순수 비틀림 강성과 뒤틀림 강성을 모두 포함하여야 한다.

그러므로 C는 아래와 같이 재 정의된다.

Timoshenko 공식의 C = 6.5.3절의 b
Timoshenko 공식의 EI_x = 6.5.3절의 a
Timoshenko 공식의 αR = 6.5.3절의 L
Timoshenko 공식의 R = 6.5.3절의 $-R$

방정식 7-33[9]은 다음 방정식의 양의 제곱근으로 주어진다.

$$M_{cr} = \frac{EI_x + C}{2R} + \sqrt{\left(\frac{EI_x - C}{2R}\right)^2 + \left(\frac{EI_x - C\pi^2}{R^2\alpha^2}\right)}$$

6.5.3절의 형태로 변환하면 다음과 같다.

$$M_E = -\frac{a+b}{2R} + \sqrt{\left(\frac{a-b}{-2R}\right)^2 + ab\left(\frac{\pi^2}{L^2}\right)}$$

$$= -\frac{c}{R} + \sqrt{\frac{\frac{a^2-2ab+b^2}{R^2} + 4\left(\frac{\pi^2}{L^2}\right)ab}{2}}$$

$$= -\frac{\frac{c}{R} + \sqrt{\frac{a^2+2ab+b^2}{R^2} - \frac{4ab}{R^2} + 4\left(\frac{\pi^2}{L^2}\right)ab}}{2}$$

$$= \frac{-\frac{c}{R} + \sqrt{\left(\frac{c}{R}\right)^2 + 4\left(\frac{\pi^2}{L^2} - \frac{1}{R^2}\right)ab}}{2} \qquad \text{(6.5.3절)}$$

CHAPTER 12

부록 B 전문가 연락 정보

다음의 전문업체들은 곡선부재에 관한 정보를 아낌없이 제공해 줄 것입니다.

The Angle Ring Company Limited
Bloomfield Road
Tipton
West Midlands
DY4 9EH
Tel. 0121 557 7241
Fax. 0121 522 4555
www.anglering.co.uk

Barnshaws Steel Bending Group
Tipton Road
Tividale
Oldbury
West Midlands
B69 3HY
Tel. 0121 557 8261
Fax. 0121 557 5323
www.barnshaws.com

CHAPTER 13

부록 C
사진 소개

Front cover (top)	National Botanical Gardens of Wales
	Client: National Botanical Gardens of Wales
	Engineer: Anthony Hunt Associates
	Architect: Sir Normal Foster Partnership
Front cover (bottom)	Visitors Centre, Fountains Abbey
	Client: The National Trust
	Engineer: Jampel Davison and Bell
	Architect: Edward Cullinan Architects
Figure 2.3	Trafford Centre
	Client: Peel Holdings
	Engineer: Bingham Cotterell & Partners
	Architect: Leach Rhodes and Walker
Figure 2.4	Lenzie Academy Sports Hall
	Client: East Dunbartonshire Council
	Engineer: Charles Scott & Partners
	Architect: East Dunbartonshire Council
Figure 2.5	Velodrome –National Cycling Arena
	Client: Manchester City Council
	Engineer: AMEC
	Architect: FaulknerBrowns
Figure 2.6	Poplar High Level Walkway
	Client: LDDC/Wetherby
	Engineer: Maunsell & Partners
	Architect: Ahrends Burton & Koralek
Figure 2.7	The Rotunda, Broadgate Development
	Client: Rosehaugh Stanhope Developments plc
	Engineer: Arup Associates
	Architect: Arup Associates

곡선강부재의 설계 - 정가 14,000원
Design of Curved Steel

초판 _ 1쇄 발행 2012년 3월 1일
펴낸곳 _ RIST 재)포항산업과학연구원
홈페이지 _ RIST - www.rist.re.kr / RIST 강구조연구소 - ss.rist.re.kr
책임감수 _ RIST 강구조연구소 / 서울대학교 이철호 외
번역 _ RIST 강구조연구소 – 김진호, 백승경, 하태휴, 정미영
서울대학교 건축학과 - 이철호, 김대경, 구철회, 고아라, 윤성환, 윤원순
부산대학교 건축학부 - 오상훈, 전종수
고려대학교 건축사회환경공학부 - 주영규, 노승희
한남대학교 건축학부 – 이재승, 손승문
편집디자인 _ 씽크 커뮤니케이션즈 T.02.3444.1437
출판사 _ 구미서관 - www.goomibook.com T.02.333.1101
출판등록 _ 1979년 6월 29일 No.9-6호

ISBN 978-89-8225-861-9(93540)